橫跨夏夜星空的銀河。攝於日本福島縣。在銀河中
最明亮燦爛的區域，可以看到人馬座。它的右側是
天蠍座。銀河的中心正位於人馬座的方向上。

太陽系的
成員

太陽的周圍有 8 顆行星在環繞

巡 遊宇宙之旅,第一站是我們的太陽系。在這裡,首先介紹太陽系的主要成員。

太陽系的組成份子,包括太陽、環繞太陽運行的 8 顆行星、

環繞行星運行的眾多衛星、5 顆矮行星(dwarf planet),以及許多不同種類的小天體。

從緊鄰火星外側的木星到海王星這幾顆行星,共同的特徵是全

都擁有行星環與很多衛星。這些衛星的質量絕大多數都不到它們所繞轉中心行星的萬分之 1。

矮行星環繞著太陽運行,並具有足夠的質量,能夠藉由自身的

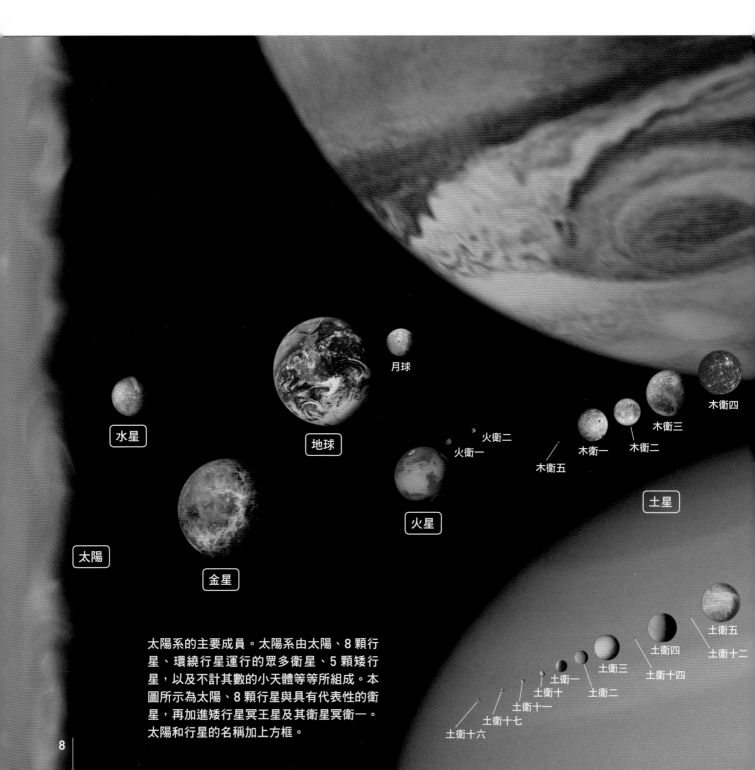

太陽系的主要成員。太陽系由太陽、8 顆行星、環繞行星運行的眾多衛星、5 顆矮行星,以及不計其數的小天體等等所組成。本圖所示為太陽、8 顆行星與具有代表性的衛星,再加進矮行星冥王星及其衛星冥衛一。太陽和行星的名稱加上方框。

引力形成球體，但未能清除軌道附近的其他小天體和物質，並且不是衛星的天體。2006年，國際天文學聯合會（International Astronomical Union，IAU）制訂新的分類標準，使先前被歸類為行星的冥王星改列為矮行星。

小天體※包括小行星、海王星外天體（Trans-Neptunian Objects）、彗星等等。小行星大部分位於火星和木星之間的「小行星帶」。另一方面，海王星外天體是指位於比海王星更遠處的小天體。這些小行星和海王星外天體之中，也有一些和冥王星一樣被分類為矮行星。

彗星是指從距離太陽30～50天文單位的古柏帶（Edge-worth-Kuiper Belt）或0.2萬～10萬天文單位的歐特雲（Oort Cloud）飛進內太陽系的小天體。彗星的結構大致分為三部分：由冰和宇宙塵組成的本體（彗核）、包覆著彗核的大氣（彗髮）、由氣體和宇宙塵組成的尾巴（彗尾）。行星及小行星的軌道大多位於地球環繞太陽公轉的軌道平面（黃道面）上，但相當多彗星的軌道和行星及小行星不同，它們的軌道大幅偏離黃道面。

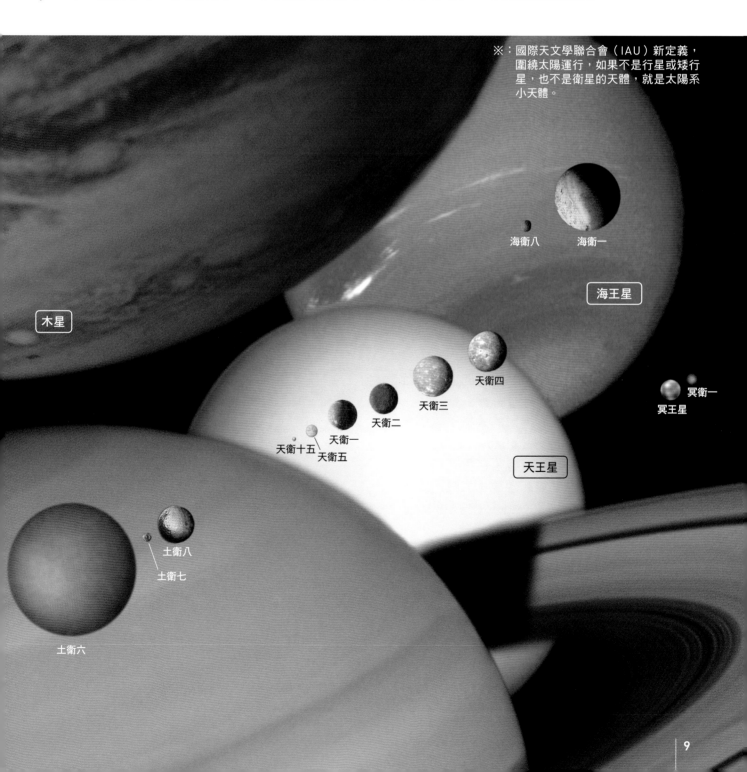

※：國際天文學聯合會（IAU）新定義，圍繞太陽運行，如果不是行星或矮行星，也不是衛星的天體，就是太陽系小天體。

海衛八　海衛一

海王星

木星

天衛三

天衛四

冥衛一

冥王星

天衛二

天衛一

天衛十五　天衛五

天王星

土衛八

土衛七

土衛六

活動劇烈的太陽周圍分布著珍珠色澤的日冕

太陽

現在，我們就往宇宙出發吧！離開地球，一飛到宇宙空間，首先映入眼簾的是釋放出強烈能量的太陽。太陽的赤道半徑大約70萬公里，質量大約2.0×10^{30}公斤，與最大的行星木星比起來，直徑為其10倍左右，質量為其1000倍左右。它的表面是絕對溫度6000K左右的高溫火球，稱為「光球」（photosphere，光球層）。

觀察太陽的成分，絕大部分都是氫和氦的氣體。**在中心部位，持續發生由氫原子核製造氦原子核的反應（核融合反應），結果產生了非常龐大的能量。** 地球上發生的許多自然現象，都是由這股太陽釋放出來的巨大能量所造成。

太陽看起來像一顆穩定而均勻發光的恆星，但其實它的表面一直在發生劇烈的變化。例如，**光球面上會出現直徑數百公里到數萬公里的巨大陰暗斑點，稱為「黑子」（sunspot，太陽黑子）的暗斑。** 黑子以數日至數十日的生命期不斷產生又消失。此外，太陽的表面一直以大約 5 分鐘的週期在振盪。這些黑子和太陽表面的振動，都是因為太陽表面附近的氣體進行活躍的對流運動而不停移動所引發。

在光球的外面，分布著稀薄的大氣。這個大氣分為好幾層，包括色球（chromosphere，色球層）、日冕（corona）等等。 在色球和日冕中，可以看到突發性的爆炸現象「太陽閃焰」（solar flare）、大規模的氣體火焰「日珥」（solar prominences）等等各種現象。

2018年 8 月，NASA（美國航空暨太空總署）發射了太陽探測衛星「帕克太陽探測器」（Parker Solar Probe）。這架探測衛星的任務是調查日冕和太陽風（solar wind），預定接近太陽共25次。未來最靠近的時候，將通過太陽與水星之間距離的10分之 1 的地方[※]（也就是距離太陽表面640萬公里的範圍內）。

[※]：2021 年 1 月 17 日通過距離太陽表面 1350 萬公里的地方，完成了史上最靠近太陽的觀測作業。

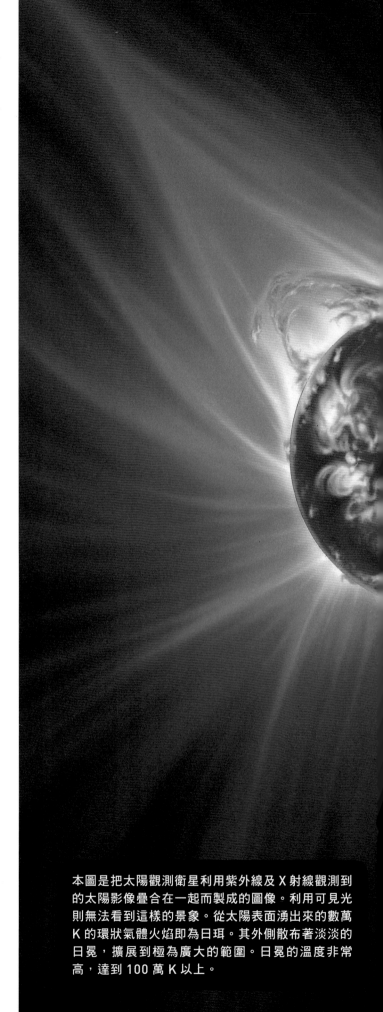

本圖是把太陽觀測衛星利用紫外線及 X 射線觀測到的太陽影像疊合在一起而製成的圖像。利用可見光則無法看到這樣的景象。從太陽表面湧出來的數萬 K 的環狀氣體火焰即為日珥。其外側散布著淡淡的日冕，擴展到極為廣大的範圍。日冕的溫度非常高，達到 100 萬 K 以上。

距離太陽最近的「坑坑疤疤」的行星

水星

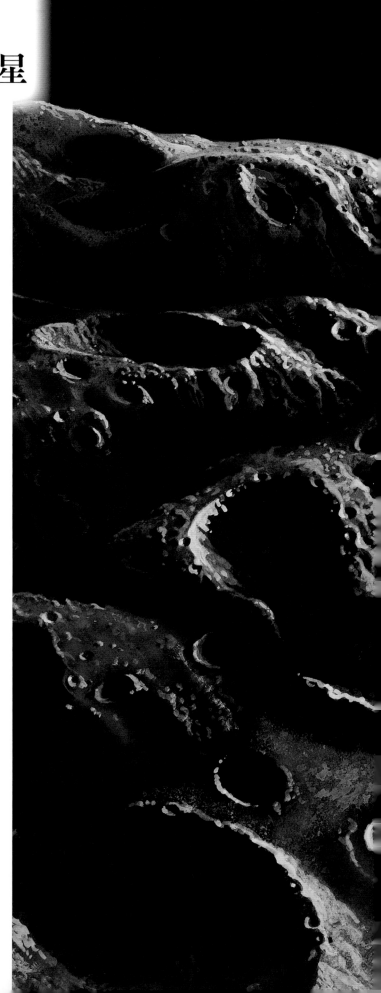

水星是在太陽系中最內側公轉軌道上運行的行星。體積在太陽系的 8 大行星當中最小，但平均密度為每立方公尺5430公斤，是繼地球之後的第二名。水星的重力相當小，只有地球重力的40%左右，所以無法如同地球這般壓縮內部的物質。儘管如此，水星卻能擁有和地球不相上下的密度，主要是因為由高密度的鐵鎳合金所形成的核約占全體質量的80%。根據1974年「水手10號」（Mariner 10）的觀測，確認了水星也擁有磁場。

水星表面遍布著無數個隕石坑。最大的隕石坑是直徑廣達1550公里左右的「卡洛里盆地」（Caloris Basin）。其直徑超過水星直徑的 3 分之 1，是以岩石為主要成分的行星（岩石行星、地球型行星）上形成的隕石坑當中最大的一個。

此外，水星的表面有數不清的稱為「皺脊」（wrinkle ridge，褶皺山脊）的斷崖地形。較大的皺脊可高到 2 公里、長到500公里以上。皺脊極有可能是水星在整體冷卻收縮的過程中形成的褶皺。

水星的自轉週期約59天，公轉週期約88天。拿自轉週期和公轉週期相比，水星在環繞太陽公轉 2 圈的期間，才自轉 3 圈而已。地球在環繞太陽公轉 1 圈的期間，自轉了大約365圈，由此可知，水星的自轉週期相對於公轉週期可說是非常地漫長。

水星的自轉週期很長，所以 1 天（從黎明到下一個黎明）的時間非常長。如果換算成地球的天數，水星的 1 天竟然相當於地球上的176天。因此，受到灼熱的太陽照射的白天，以及被冰冷的黑暗籠罩的夜晚，都變得非常漫長。這也造成氣溫在白天會上升到430℃，到了夜晚則會降到負180℃左右。劇烈的日夜溫差，因此造就了水星的嚴酷環境。

日夜的溫度有巨大差異

水星的黎明。水星的 1 天換算為地球的天數長達 176 天。因為日夜的持續時間很長，白天的氣溫會上升到 430℃，到了夜晚則會降到負 180℃左右，日夜的溫差相當劇烈。地表面有無數個隕石坑，以及可能是在水星冷卻收縮的過程中形成的地表「皺脊」（插圖中央）。

目前，JAXA（日本宇宙航空研究開發機構）和 ESA（歐洲太空總署）正在合作推行一項探測水星的「貝皮可倫坡」（BepiColombo）計畫。JAXA 的水星磁層軌道器「MMO」（Mercury Magnetospheric Orbiter，暱稱 Mio）負責調查水星的磁場和磁氣圈（該行星所擁有的磁場擴展到宇宙空間的範圍），ESA 的水星行星軌道器「MPO」（Mercury Planetary Orbiter）則負責進行水星表層的地質學調查。MMO 和 MPO 已經在 2018 年 10 月 20 日發射，預定 2025 年 12 月進入水星環繞軌道。

擁有最嚴酷環境的地球兄弟行星

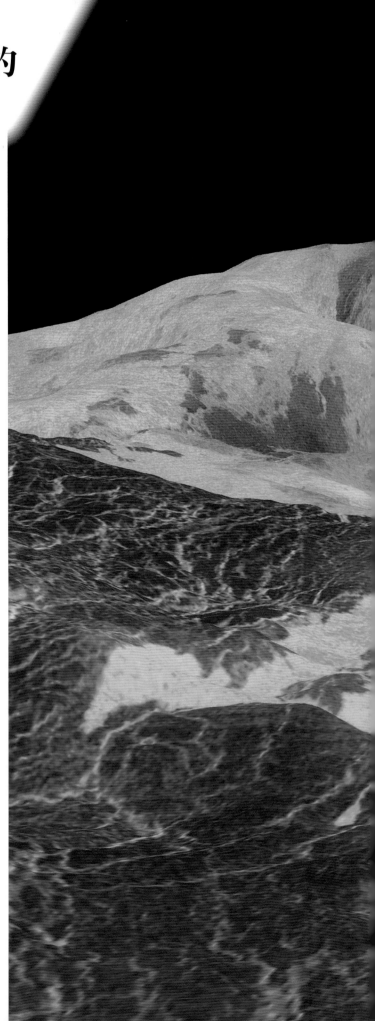

金星是繼水星之後第二靠近太陽的行星。金星的表面溫度比最靠近太陽的水星更高，達到460～500℃，可說是一個連鉛都會熔化的灼熱地獄。會變得如此炎熱的原因，在於大氣的組成。金星的大氣有96%是二氧化碳，由於它的溫室效應，把熱封閉起來，表面的溫度才會變得如此之高。

此外，**金星的大氣非常濃密，估計它的質量為地球大氣的100倍左右**。因此，地表的大氣壓力達到90大氣壓左右。此外，金星的上空有濃硫酸的厚雲籠罩著，並且吹颳著秒速100公尺的「超自轉」（superrotation）強風。

從火山流出的熔岩流覆蓋著金星的表面

調查金星表面的地形，得知平地占了全體的大約60%，高出平均面 2 公里以上的高地占了大約13%。

金星表面的地形，大約80%是因為火山活動所造成。金星表面的絕大部分地區被熔岩覆蓋著。而我們已經知道，它的表面大部分是在數億年前的某個時代，在數千萬年的期間內所形成。也就是說，在過去某個時代的一段比較短暫的期間當中，熔岩把表面完全覆蓋住了。

根據NASA的「麥哲倫號」（Magellan）探測器的觀測結果，發現金星上有許多伴隨著熔岩流的火山。右圖是依據麥哲倫號探測器的觀測資料，繪製 8 公里高的火山「馬特山」（Maat Mons）的立體化圖像。在圖像中的近處可看到流出的熔岩。除了這樣的火山之外，還發現了熔岩流造成的溝狀地形。

不過，到目前為止，並沒有發現爆發之類的火山活動。但是，科學家推測金星現在應該還是有活火山存在。

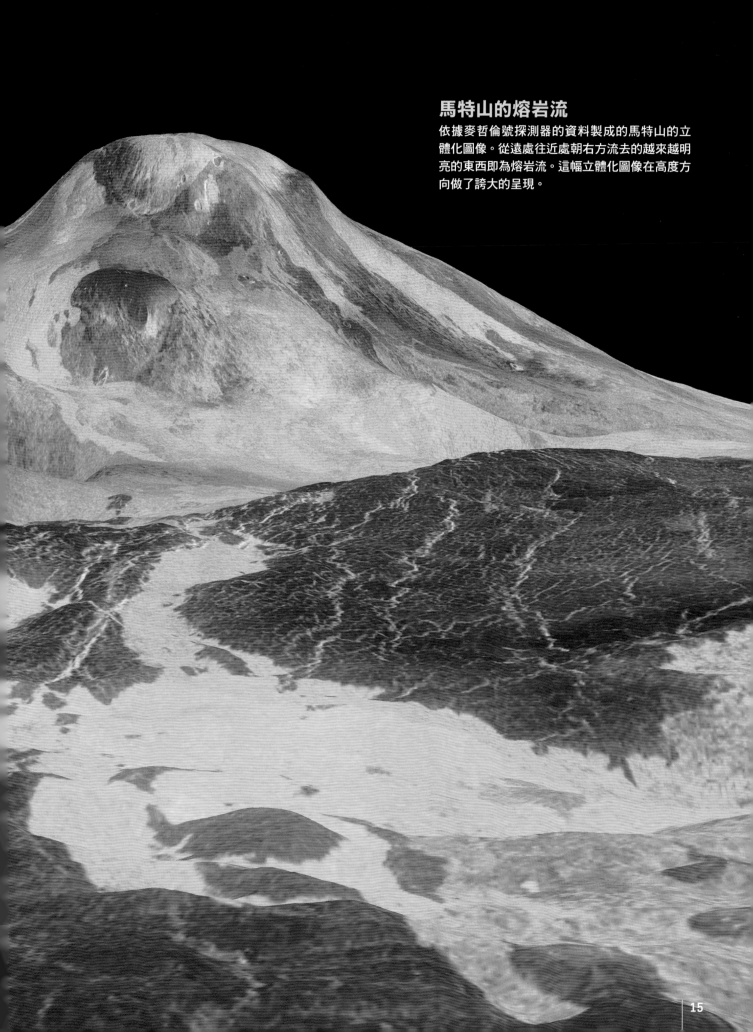

馬特山的熔岩流

依據麥哲倫號探測器的資料製成的馬特山的立
體化圖像。從遠處往近處朝右方流去的越來越明
亮的東西即為熔岩流。這幅立體化圖像在高度方
向做了誇大的呈現。

遍布液態海洋和生命的行星

地球是太陽系的第 3 號行星，也是太陽系中唯一確認有生命存在，且表面擁有液態海洋的行星。右邊的地球圖像，是依據在距離地表 700 公里高空繞轉的 NASA 人造衛星「TERRA」的觀測資料繪製而成。圖中可看到褐色及綠色的陸地，還有白雲在複雜移動著。海洋占了地球表面的 71% 左右，陸地占了其餘的 29%。

包覆地球表面的大氣含有 78% 的氮和 21% 的氧。**地球幸好擁有這個大氣，尤其是適量的二氧化碳，才得以擁有海洋和孕育生命。**

二氧化碳會造成「溫室效應」，把大氣的熱保持在某個程度。二氧化碳藉由火山爆發等方式釋放到大氣中，另一方面，則利用雨雪等方式降落地面，流入海洋中，和從陸地溶解出來的物質結合，藉此從大氣中消除。這個消除作用在氣溫上升時會變得旺盛，使溫室效應減弱。也就是說，這個二氧化碳的循環使地球的氣溫維持穩定，讓海洋能夠存在，也讓生命能夠誕生。

地球的表面溫度依場所和季節而有所不同，大致上在 60℃ 到負 60℃ 之間變化，不過，以全年來說，整體表面的平均氣溫為 15℃ 左右。地球表面的溫度差異不像其他行星那麼劇烈，是一個非常穩定的環境。

地球的體積在太陽系的行星當中排名第 5，但密度在太陽系的行星當中排行第一。地球是岩石行星之中最重的天體，所以重力也很大，把內部的物質更加壓縮，使得密度大為增加。

月球

地球唯一的衛星
處處都是隕石坑

月球是唯一環繞地球運行的衛星。月球的體積為地球的 4 分之 1，是太陽系的所有衛星當中，與母行星體積比值最大的衛星。若以衛星本身的大小來比較，則是太陽系的所有衛星當中的第 5 名。

月球有個很大的特徵，就是地表布滿稱為「隕石坑」（meteorite crater，又稱為impact crater撞擊坑）的碗狀凹陷地形。隕石坑是隕石撞擊的痕跡。遍布著隕石坑是因為月球沒有大氣，所以撞擊到表面的隕石相當多，再加上沒有風雨，不會蝕平隕石坑地形的緣故。

如同地球會自轉和公轉，月球也會自轉和公轉。不過，月球的公轉是環繞地球運行。月球的公轉週期和自轉週期幾乎相同，都是27天左右，所以始終以同一個面朝向地球，這個面稱為正面。從地球上無法瞧見月球的背面[※]。

此外，月球本身不發光。從地球上能夠看到的月球，是反射陽光所呈現的樣貌。依據月球、地球、太陽三者之間的位置關係，陽光照射的場所會有不同的變化，因此，從地球上看到的月球的形貌（相位）每天都不一樣。

極區附近的「永夜區」有水冰存在

月球的北極和南極這兩個極區，陽光入射的角度很低，所以表面的溫度很低。位於極區附近的隕石坑，底部有些區域被隕石坑的邊緣遮蔽，終年照不到陽光，所以成為極寒的區域，稱為「永久影」（permanent shadow等同地球南北兩極的永夜區）。南極的永久影比北極的永久影多。

科學家在隕石坑底部的永久影發現了結冰狀態的水。這些水冰可能是古代彗星撞擊所含的冰飛散出來的殘留物。通常，月球上由於陽光很強，表面的水會立刻分解而逸散到宇宙空間。但是在永久影裡面，冰能夠保存下來。

未來，人類如果想在月球長期駐留，水的存在將成為重要的關鍵，所以我們殷切期待進一步的調查結果。

※：2019 年 1 月，中國的月面探測器「嫦娥 4 號」首次在月球的背面著陸，並派出「探測車」玉兔二號進行調查。

發現水冰的永久影

兩極附近的隕石坑的想像圖。長期以來，科學家們一直認為，在終年照射不到陽光的永久影，冰或許不會融化而能保存下來。但實際上，卻是在永久影的地底下發現了水冰。永久影的周邊已被列為未來建造有人月面基地的最有利候選地點。

火星

陸續發現有水存在的
酷似地球的行星

火星是在緊鄰地球外側的公轉軌道上運行的行星。半徑只有地球的一半，但是它和地球有諸多共通點。首先，它的地殼和地球相同，都是由以矽酸鹽為主要成分的岩石所構成。其次，它的 1 天的週期大約24小時，而且自轉軸和地球的自轉軸一樣傾斜著，所以也有四季的變化。不過，火星的四季變化比地球更為劇烈，例如夏季時會發生足以籠罩整個行星的大規模沙塵暴等等。

火星的表面覆蓋著以二氧化碳為主要成分的大氣。但是，大氣非常稀薄，平均氣壓只有地球的150分之 1 而已。在夏季的白天，氣溫可達到20℃，但是在冬季的夜晚，卻變成負140℃的酷寒世界，由此可見它的變化是多麼地劇烈。

堅持不懈地探索終於
陸續發現了水的證據

許多研究者認為，如果過去的火星曾經有生命誕生，則應該會在有水的地方繼續演化吧！因此，NASA的火星探測計畫不斷地尋找水的證據。終於在2004年，**火星探測車「機會號」（Opportunity）發現了火星曾經有海存在的證據。**

其後，又利用各種火星探測器和火星探測車，發現了顯示今天的火星仍然有水在流動的地形、顯示火星的土壤中有水冰存在的證據等等。而且也得知在南極有廣達數百平方公里的水冰存在，並在南極1.5公里厚的冰床（水冰和宇宙塵構成的地層）底下，發現以液態水為主要成分的湖。

除此之外，也發現了與生命存在有關的證據。許多研究者認為，根據截至目前為止的調查結果，在古代的火星上，湖底曾經有噴出熱水的場所，而這樣的場所極可能有微生物誕生，並且在此生存。

火星表面至今仍有液態水在流動！？

2006年，火星探測軌道器「MGS」（Mars Global Surveyor，火星全球探勘者號）發現了現在的火星表面仍然有少許的液態水在流動的證據。它在溝狀地形上面發現了疑似水曾經流過的白色紋路，溝狀地形本身可能也是水流浸蝕所造成，這樣的地形稱為「沖蝕溝」（gully）。插圖所示為火星的沖蝕溝有水滲出流動的想像圖。

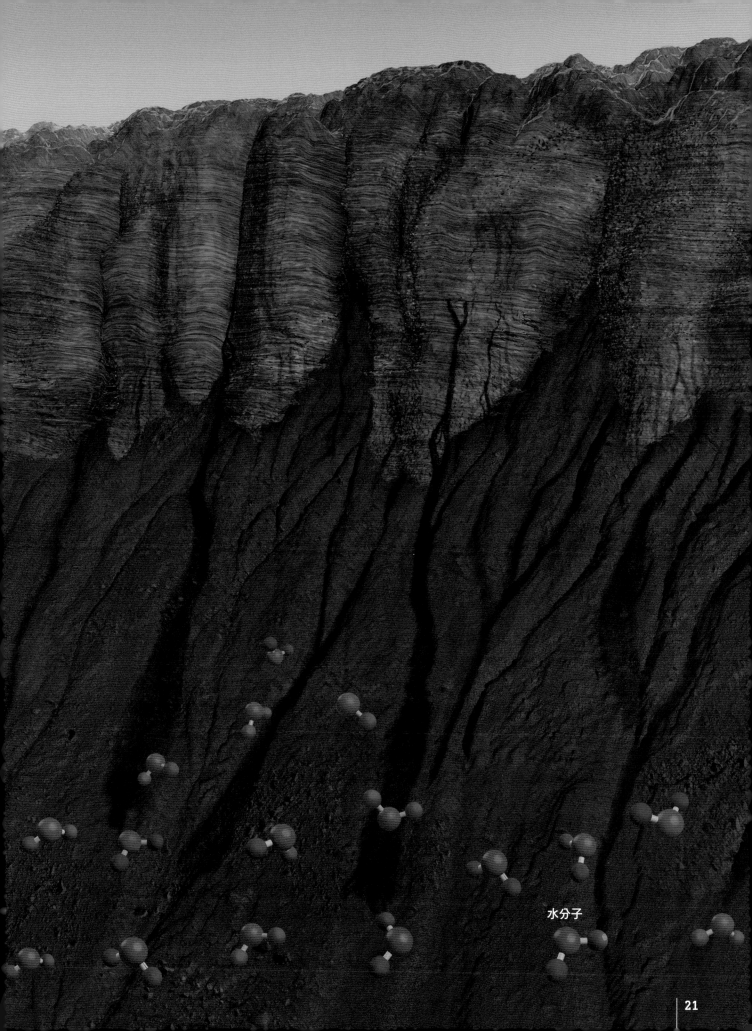

水分子

木星

表面的模樣會變動的
太陽系最大氣態巨行星

木星位在緊鄰火星外側的公轉軌道上。**半徑大約是地球的11倍，質量重達地球的318倍左右。**在太陽系的行星當中，是體積最大、質量也最大的巨大天體。密度為每立方公尺1330

公斤左右，這個數值遠低於地球（約每立方公尺5500公斤），而比較接近太陽（約每立方公尺1400公斤）。

木星和地球這類具有堅硬地表的岩石行星不一樣，它是一顆表

面包覆著氣體的「氣態巨行星」，主要成分為氫和氦。

木星表面的特徵，是紅褐色和白色的帶狀條紋交錯呈現的美麗圖案。明亮色調的部分稱為「區」（zone），暗沉色調的部

分稱為「帶」（belt）。木星的大氣中飄浮著氨和氫硫化銨的雲。這些雲之中，反射陽光較強的部分成為區，反射陽光較弱的部分成為帶。

擁有各具風格的眾多衛星

木星和土星一樣擁有數量龐大的衛星，到目前為止總共確認了79顆之多。

在木星眾多的衛星當中，直徑大約5265公里的甘尼米德（Ganymede，木衛三）是太陽系中最大的衛星，體積比水星還要大。木衛三的表面有部分區域覆蓋著冰，所以會反射光線而明亮可見。

哈伯太空望遠鏡（Hubble Space Telescope）在木星和木衛三的南北極拍攝到極光的發光現象。地球上的極光是因為地球的磁場讓吹來的太陽風撞擊大氣而產生。觀測的結果，得知木衛三也擁有偶極（dipole）磁場。

同樣屬於木星的衛星「埃歐（Io，木衛一）」和「歐羅巴（Europa，木衛二）」都是體積和月球差不多大小的天體。這兩顆衛星最近引起了很大的關注，因為木衛一是太陽系中火山活動最活躍的天體，而木衛二則可能在地底下有海，亦即可能有生命存在。

擁有美麗行星環的氣態巨行星

土星 和木星一樣是顆氣態巨行星。內部結構也和木星非常相似。中心部分的核由岩石和冰構成，上面有液態金屬氫和氦構成的地函，更外側是一層含有若干氦的液態分子氫的表層。半徑大約 6 萬300公里，質量為地球的95倍左右，體積在太陽系中排名第二，僅次於木星。

談到土星，最讓人印象深刻的就是它美麗的行星環（Planetary ring）吧！ 這個行星環使得它的風貌和其他行星截然不同。木星、天王星、海天星也都有行星環，但土星環的大小卻傲視群倫。土星環的寬度超過20萬公里，是土星半徑的 3 倍以上。而另一方面，它的厚度只有數十至數百公尺而已。環的大部分由冰粒子組成。科學家已經發現了這些冰粒子沿著磁場如同下雨一般降落到土星的證據。由於這個影響，土星環最快可能會在大約1億年後消失。

土星上也有大氣覆蓋與雲層變化，所以在表面形成條紋圖案。比起在木星表面形成的條紋圖案，土星表面的條紋圖案變化沒有那麼劇烈。其中較具特色的是稱為「大白斑」（Great White Spot）的白色旋渦圖案。根據觀測的結果，木星上的「大紅斑」（Great Red Spot）歷經300年以上也沒有消失，而大白斑只持續幾個星期至幾個月就會消失。

把目光轉移到極區，可以看到土星的南北兩極都有極光。

極光的厚度從最上層的雲到超過1600公里的高度，它的豔麗光彩宛如輕盈飄動的簾幕一般變幻不定。

土星上會有極光產生，是因為來自太陽的太陽風和土星的磁場交互作用的結果。土星的磁場很強，高達地球的600倍左右。之所以會形成如此強大的磁場，可能是因為土星的地函非常大，占了土星半徑的60%左右，而且它的活動也非常活躍的緣故。

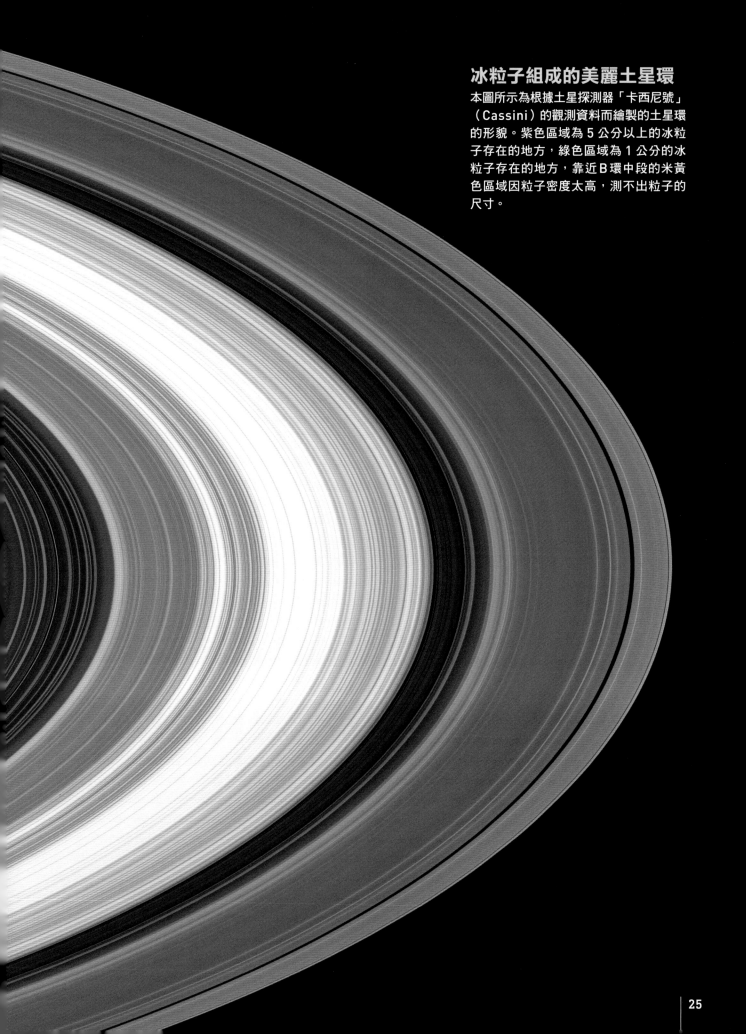

冰粒子組成的美麗土星環

本圖所示為根據土星探測器「卡西尼號」（Cassini）的觀測資料而繪製的土星環的形貌。紫色區域為 5 公分以上的冰粒子存在的地方，綠色區域為 1 公分的冰粒子存在的地方，靠近 B 環中段的米黃色區域因粒子密度太高，測不出粒子的尺寸。

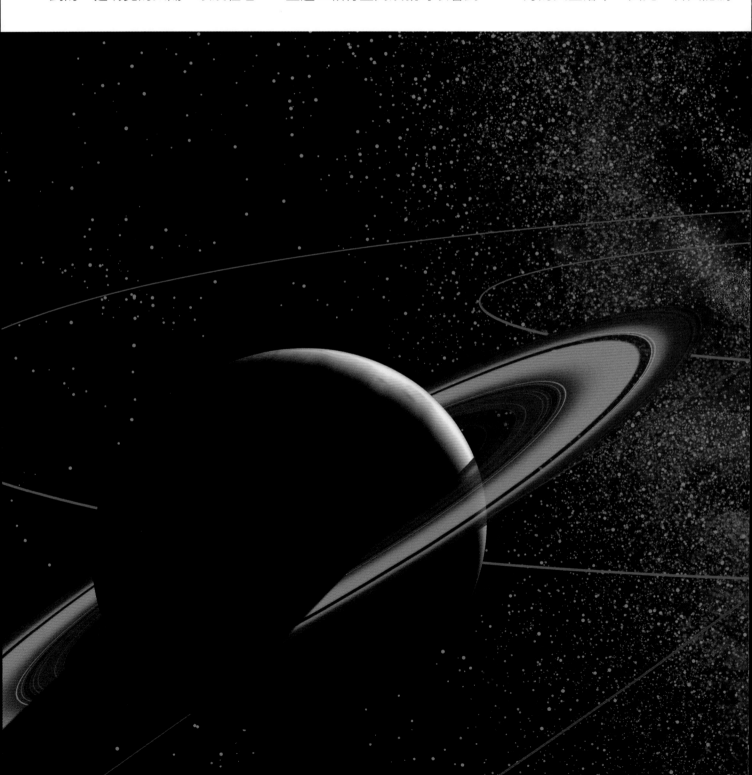

以前認為的太陽系的盡頭

從土星軌道外側回頭眺望母恆星太陽

在 這裡，先回頭往太陽的方向望一眼吧！從這裡所看到的，是明亮的太陽，以及在它

周圍打轉的眾多行星。

水星、金星、火星、木星、土星這5顆行星肉眼就可以看到，

所以自古即為人所熟知。這些天體都是從東方的天空上升，往西方的天空落下。因此，古人認為

地球正是這個宇宙的中心，太陽及這些行星都環繞著地球運行。這個宇宙觀稱為「天動說」。

推翻這個宇宙觀的人，是波蘭天文學家哥白尼（Nicolaus Copernicu，1473～1543）。

哥白尼的「地動說」提出「地球只是環繞太陽運行的行星之一而已。」而義大利天文學家伽利略（Galileo Galilei，1564～1642）。舉起望遠鏡進行觀測證實了「地動說」這個宇宙觀。

就這樣，人類終於知道了太陽及在其周圍繞轉的 6 顆行星所組成的「太陽系」。直到17世紀為止，如果談到太陽系的盡頭，都是指土星。

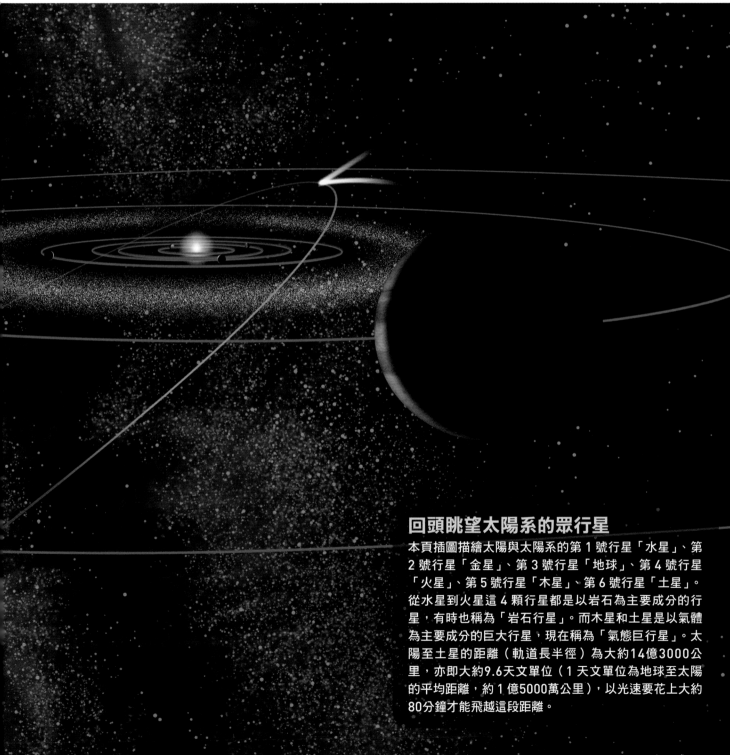

回頭眺望太陽系的眾行星

本頁插圖描繪太陽與太陽系的第 1 號行星「水星」、第 2 號行星「金星」、第 3 號行星「地球」、第 4 號行星「火星」、第 5 號行星「木星」、第 6 號行星「土星」。從水星到火星這 4 顆行星都是以岩石為主要成分的行星，有時也稱為「岩石行星」。而木星和土星是以氣體為主要成分的巨大行星，現在稱為「氣態巨行星」。太陽至土星的距離（軌道長半徑）為大約14億3000公里，亦即大約9.6天文單位（1 天文單位為地球至太陽的平均距離，約 1 億5000萬公里），以光速要花上大約80分鐘才能飛越這段距離。

自轉軸傾倒的青綠色冰巨行星

那麼,現在我們再往太陽系的外緣出發吧!接下來,可以看到**太陽系的第 7 號行星「天王星」。**天王星是一顆冰巨行星(Ice Giant),半徑大約 2 萬5560公里,名列太陽系中的第三大行星。

包覆表面的氣體主要成分是氫和氦,也有少量的甲烷和氨。這些甲烷會把紅橙色的光吸收殆盡,導致天王星呈現藍綠色。

天王星最大的特徵是自轉軸傾倒98度,幾乎是橫躺的狀態。橫躺的天王星的兩極白天和黑夜的週期特別長,1天換算成地球上的時間長達84年。也就是說,連續42年都是白天,然後連續42年都是黑夜,如此週而復始。

那麼，天王星的自轉軸為什麼會傾倒呢？科學家認為，天王星剛誕生的時候，和其他行星一樣，自轉軸相對於公轉面是大致垂直的狀態，後來，有一顆行星大小的天體撞上了天王星靠近中心的部位，導致它的自轉軸大幅傾斜到幾近橫躺的程度[※]。

目前已經確認天王星擁有13道環和27顆衛星。 這些行星環和衛星也配合天王星的傾斜，繞著天王星的自轉方向運行。

27顆衛星中，最引人注意的是米蘭達（Miranda，天衛五）。這顆衛星的半徑僅僅240公里，但表面上有許多彷彿遭到撕抓而造成的巨大地形，還有深達20公里的溝。

有人認為，這樣的地形是天衛五過去反覆多次遭到破壞又再度集結的過程所留下的痕跡，但真正的原因尚待查明。

※：因為天王星環與天王星的共振使天王星的自轉軸傾斜約 70 度，再受到質量約地球一半的原行星撞擊才傾斜至 98 度。也有學說認為是經歷兩次地球質量大小的原行星擦邊撞擊的結果。

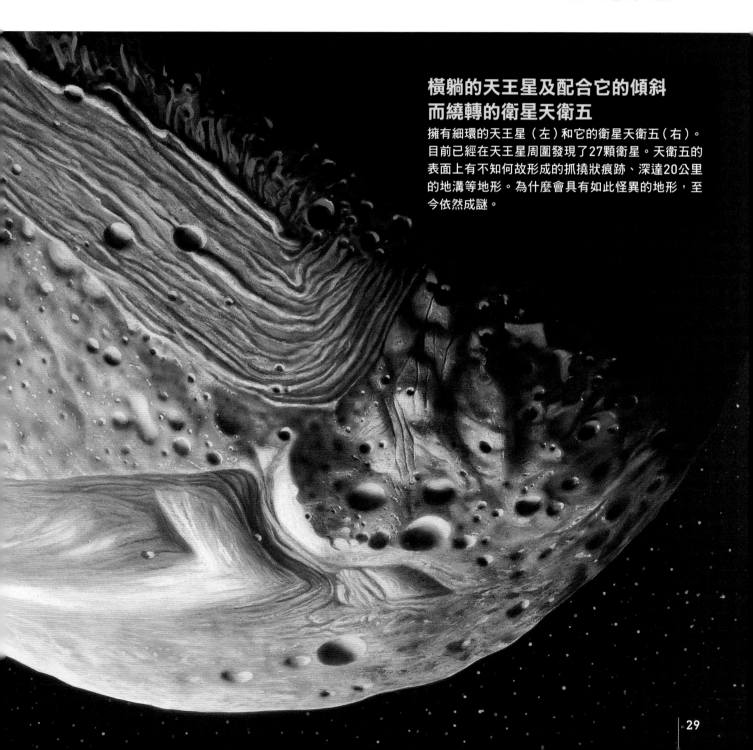

橫躺的天王星及配合它的傾斜而繞轉的衛星天衛五

擁有細環的天王星（左）和它的衛星天衛五（右）。目前已經在天王星周圍發現了27顆衛星。天衛五的表面上有不知何故形成的抓撓狀痕跡、深達20公里的地溝等地形。為什麼會具有如此怪異的地形，至今依然成謎。

太陽系最遠的冰巨行星

在天王星的外側，看到了海王星。**海王星的半徑大約 2 萬5000公里，是一顆比天王星稍微小一點的冰巨行星。**

但是以密度來說，海王星卻比木星大上許多。海王星的表面呈現藍色，但這並不是因為它像地球一樣擁有海洋，而是因為和天王星一樣，包覆在表面的氣體中含有甲烷，甲烷會吸收紅橙色的光，所以呈現藍色。

海王星的大氣成分大部分是氫和氦。大氣層分為兩層，高度80公里以下是對流層，其上方是平流層。平流層中有宛如掃帚掃過的捲雲狀雲。這種雲會隨著海王星大氣中產生的氣流移動，製造出淡淡的條紋圖案。

行星探測器「航海家號」（Voyager）在1989年接近海王星時，它的表面有著如同地球一般大小的巨大暗沉斑紋。這個斑紋稱為「大暗斑」（Great Dark Spot），可能是以秒速600公尺朝西移動的高氣壓旋渦。

1994年哈伯太空望遠鏡施行觀測時，大暗斑從海王星表面消失無蹤，但是過了幾個月後再度進行觀測時，發現在北半球又出現了新的斑紋。由此可知，海王星的上層大氣會在短時間內發生巨大的變化。

海王星是太陽系的 8 顆行星當中離太陽最遠的一顆，公轉週期大約165年。海王星是在1846年被發現，到了2010年，它才繞行太陽一圈，回到當初被發現的位置。

海王星擁有 5 道行星環和14顆衛星。

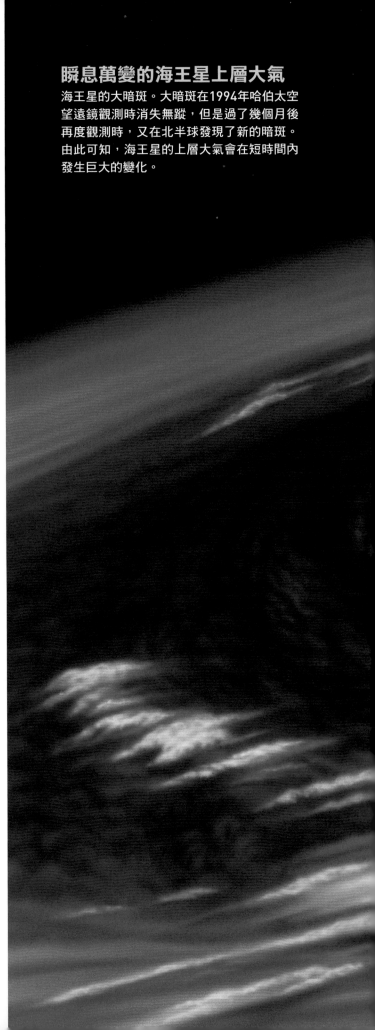

瞬息萬變的海王星上層大氣

海王星的大暗斑。大暗斑在1994年哈伯太空望遠鏡觀測時消失無蹤，但是過了幾個月後再度觀測時，又在北半球發現了新的暗斑。由此可知，海王星的上層大氣會在短時間內發生巨大的變化。

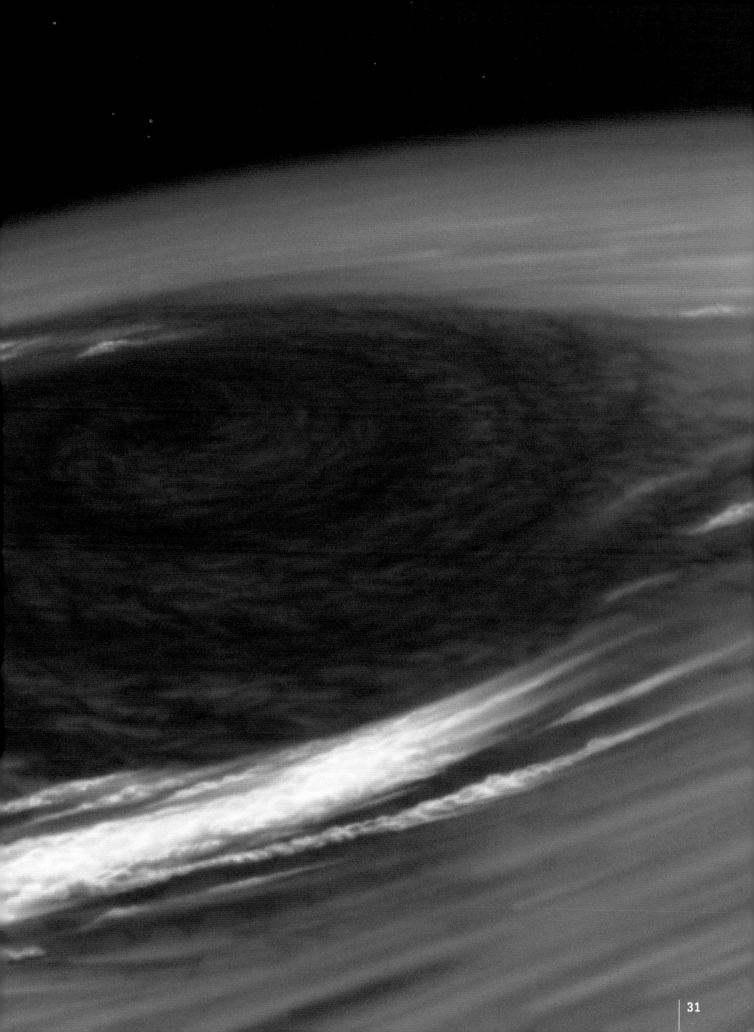

太陽系的盡頭位於地球與太陽的平均距離10萬倍遠的地方

不知不覺太陽系之旅即將進入尾聲。那麼，太陽系的盡頭究竟在什麼地方呢？

以平均秒速390公里的速度從太陽噴出來的太陽風（solar wind），最遠可以吹到海王星與太陽平均距離 5 倍以上的地方。太陽風能吹到，即意謂著，太陽的影響力能拓及的距離。**這個範圍稱為「太陽圈」（heliosphere）。**在太陽圈的盡頭，太陽風因為撞擊銀河系的星際介質（Interstellar medium）而趨於停滯。在這個停滯的境界處，會形成「太陽圈頂」（heliopause）。這個太陽圈頂可能擴展到半徑130～160天文單位的範圍。

2004年航海家1號探測器、2007年航海家 2 號探測器先後通過了位於太陽圈頂近側的「終端震波」（termination shock）。2012年航海家 1 號、2018年航海家 2 號先後越過太陽圈頂，飛出了太陽圈外側。

從這裡再往外**0.2萬～10萬天文單位（10萬天文單位＝約1.6光年*）的地方，可能有一個分布成球殼狀的區域，稱為「歐特雲」。**荷蘭天文學家歐特（Jan Hendrik Oort，1900～1992）對於拖著美麗尾巴的彗星究竟來自何處抱持著高度的興趣。他在計算過眾多彗星的軌道之後，終於在1950年得出一個結論：具有長週期的彗星全都來自太陽與地球的平均距離數萬倍（數萬天文單位）的遙遠區域。這個區域後來被命名為「歐特雲」，是目前我們人類所知的太陽系盡頭。🪐

※：1光年是指「秒速約30萬公里的光行進 1 年所走的距離」，相當於大約 9 兆4600億公里。在表示遙遠天體的距離及天體的大小時，經常使用光年做為長度單位。

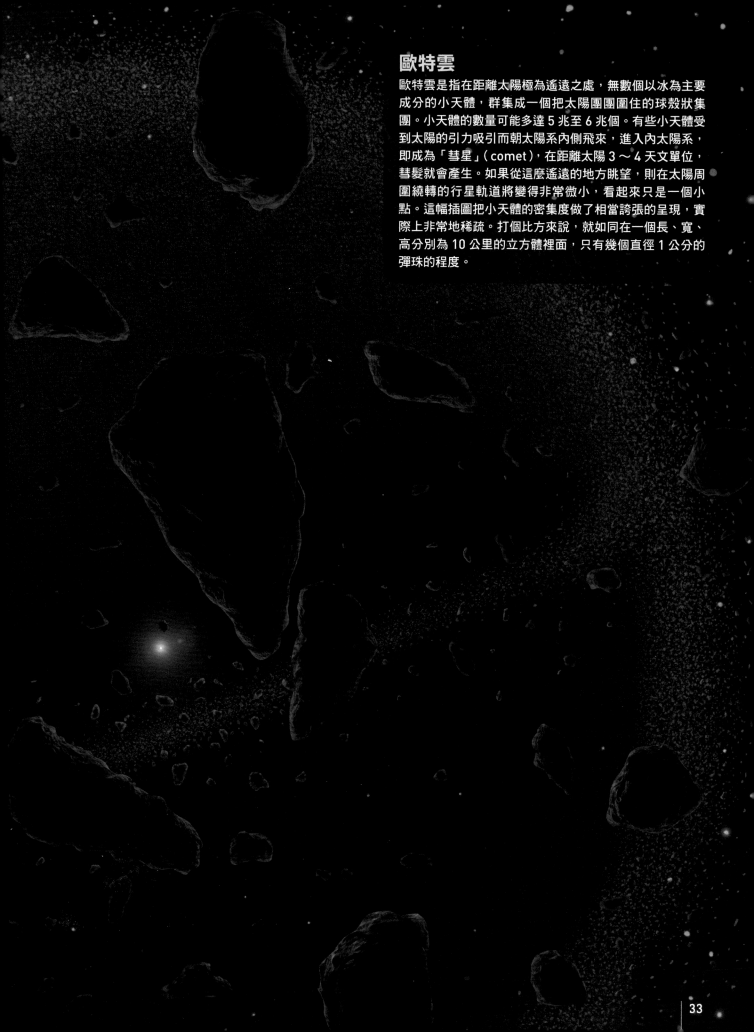

歐特雲

歐特雲是指在距離太陽極為遙遠之處，無數個以冰為主要成分的小天體，群集成一個把太陽團團圍住的球殼狀集團。小天體的數量可能多達 5 兆至 6 兆個。有些小天體受到太陽的引力吸引而朝太陽系內側飛來，進入內太陽系，即成為「彗星」（comet），在距離太陽 3 ～ 4 天文單位，彗髮就會產生。如果從這麼遙遠的地方眺望，則在太陽周圍繞轉的行星軌道將變得非常微小，看起來只是一個小點。這幅插圖把小天體的密集度做了相當誇張的呈現，實際上非常地稀疏。打個比方來說，就如同在一個長、寬、高分別為 10 公里的立方體裡面，只有幾個直徑 1 公分的彈珠的程度。

搜尋太陽系的地球外生命

土衛六上有未知的生命存在嗎？

在太陽系中，除了地球以外，是否也有其他天體擁有
生命呢？自1960年代以降，人類一直不斷地派遣無人
探測器，前往太陽系的行星及其衛星等許多天體，從
而得知，這些天體的環境真是形形色色，不一而足。
這些年來，陸陸續續發現了火星曾經有海洋和河川存
在、土星的衛星泰坦（Titan，土衛六）被有機物包覆
著、恩克拉多斯（Enceladus，土衛二）的地底下有
海等等，這些發現讓人不禁揣測，有生命存在的天體
或許不只地球。本文將詳細介紹這些太陽系天體的樣
貌，同時深入探討其上頭擁有地球外生命的可能性。

協助　**關根康人**
日本東京工業大學地球生命研究科教授

山岸明彥
日本東京藥科大學生命科學部名譽教授

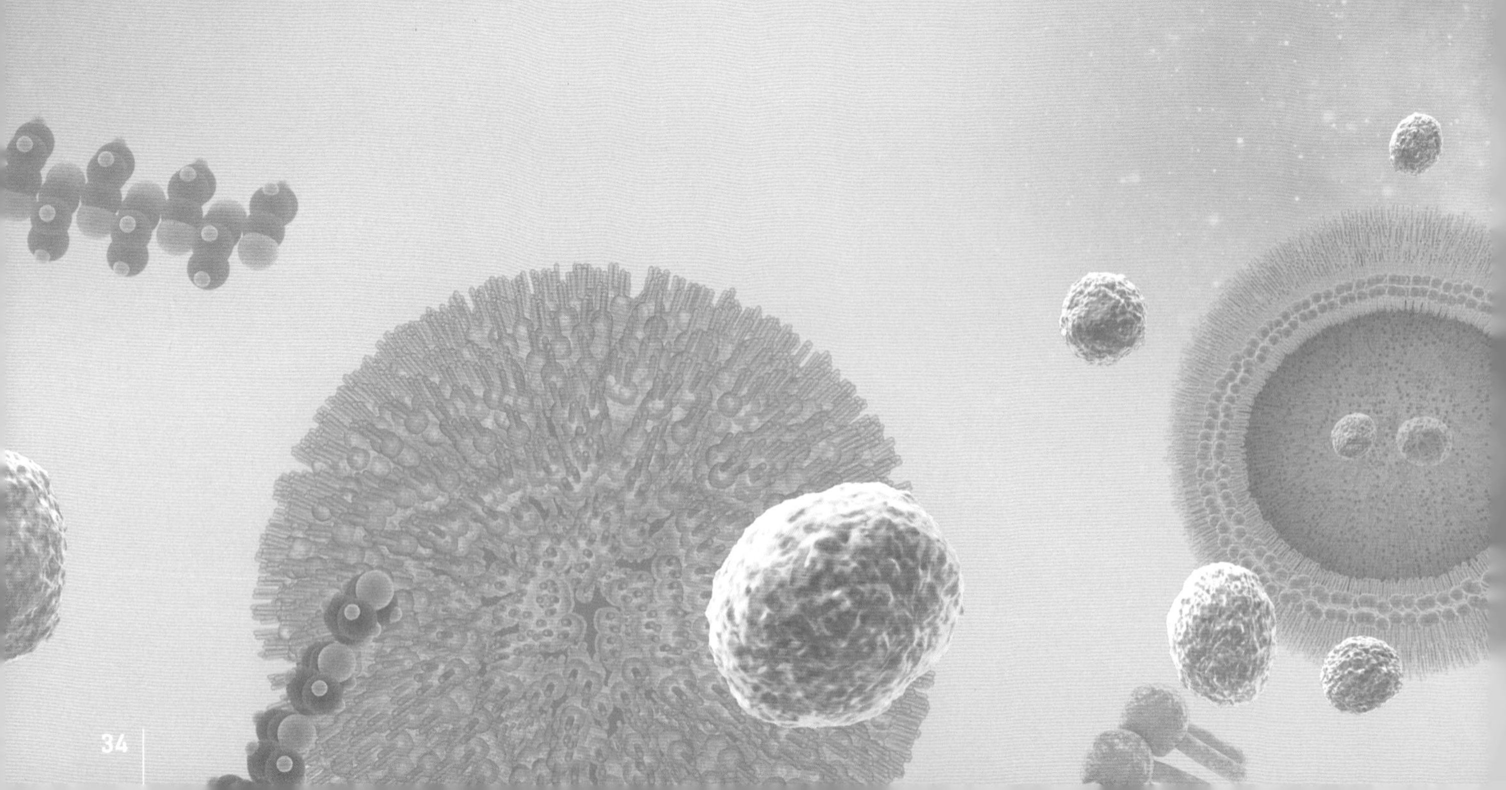

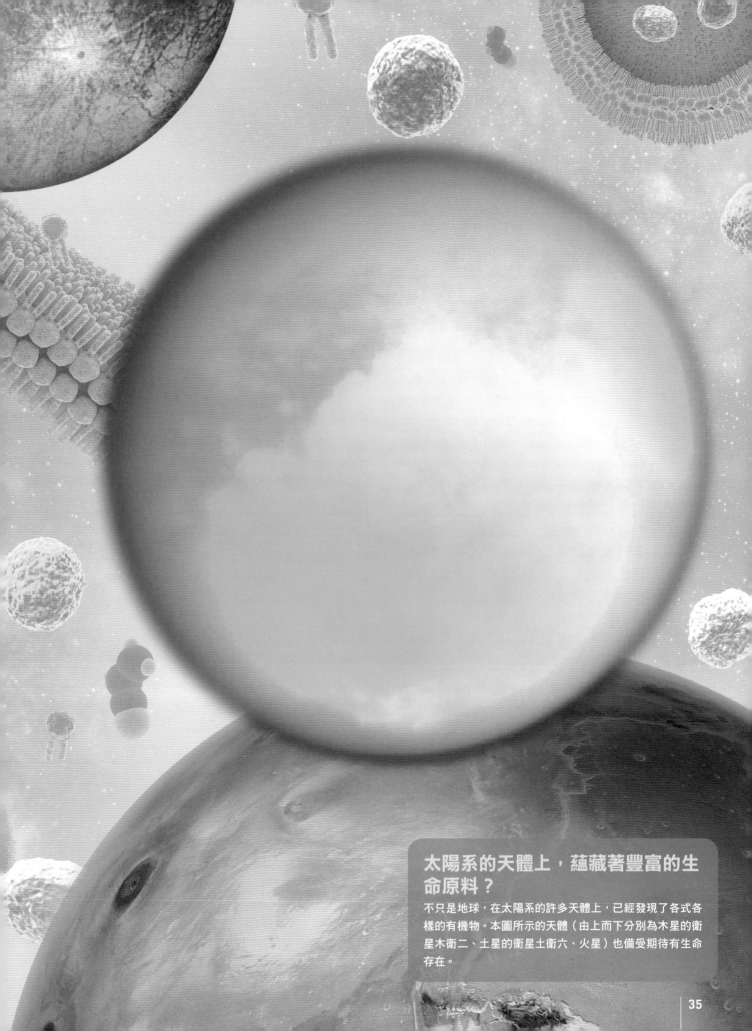

太陽系的天體上，蘊藏著豐富的生命原料？

不只是地球，在太陽系的許多天體上，已經發現了各式各樣的有機物。本圖所示的天體（由上而下分別為木星的衛星木衛二、土星的衛星土衛六、火星）也備受期待有生命存在。

生命需要什麼條件才能夠存在？

生命需要什麼條件才能存在呢？專精太陽系天體演化與生命存在可能性的日本東京工業大學關根康人博士說：「追根究柢，這與『生命是什麼』這個命題有關，所以是個大難題。不過，如果是拿與地球相似的生命來考量，那麼構成身體的『有機物』、能夠運用在這些有機物合成與分解的『能量』、運送物質以及做為化學反應場所的『液態水』這三者，應該就是生命的必備要素。」

地球上的生物不只我們平常所見，還有許多生物生存在稱為極限環境的嚴苛環境中。例如，在深海底，有一些地方會噴出將近400℃的熱水，這種場所稱為「海底熱泉」（hydrothermal vent）。在這種陽光照不到的高溫高壓場所周圍，有許多微生物依賴熱水中所含的氫和硫化氫等物質做為能源而生存。其中的「甲烷生成菌」（methanogen，甲烷菌）能夠利用熱水中的氫和二氧化碳製造出水和甲烷，再利用這個反應所產生的能量生存。除此之外，我們也知道有些微生物居住在含有硫酸的火山周邊池塘等強酸性環境中。

由此可知，在地球上，即使是我們認為極不可能生存的場所，其實也具備了生命所需的三項要素。

除了地球以外，還有其他天體具備三項要素！

如果地球上有生物能夠生存在如此嚴苛的環境中，那麼我們不免會推測，除了地球以外，應該還會有其他天體同樣具備生命的三項要素而讓生命得以存在。

過去50多年來探測太陽系的結果，在好幾個天體上發現了有液態水存在。而近年來，我們已經逐漸能夠詳細調查太陽系各種天體上的物質分布等等。在太陽系的各式各樣天體中，或許有些天體備齊了生命所需的三項要素。近年來特別受到注目的這種天體，就是土星的衛星「土衛六」和「土衛二」。

在「極限環境」也能生存的生物

在陽光照射不到的深海底，也有生物存在。其中，在噴出高溫熱水的場所，有許多生物利用那裡供應的物質及能量而聚居在一起。這件事讓我們不禁推測，在地球以外的天體上，可能也會有利用來自該天體內部的能量的生命存在。

與細菌共生的奇妙「管子」
居住在熱水噴出孔周圍的「巨型管蟲」（giant tube worm，*Riftia pachyptila*）。白色部分是硬化的管狀外殼，裡面藏有柔軟的「本體」。紅色部分稱為「鰓羽」（branchial plume），具有如同魚鰓的作用，從那個部位攝取水中的氧和硫化氫。身體內部沒有胃和腸之類的臟器，而是糊成一團，和「硫氧化菌」（sulfur-oxidizing bacteria）共生。這種硫氧化菌能促使從海水中攝取的氧和硫化氫發生反應，產生能量和營養素，同時也提供巨型管蟲做為生存所需。

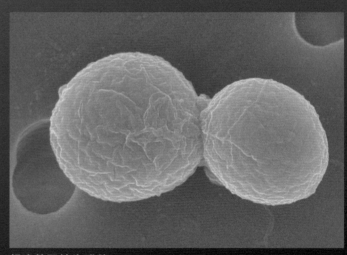

超嗜熱甲烷生成菌
在溫度高達360℃以上的熱水噴出孔附近生活的超嗜熱甲烷生成菌「甲烷暖球菌屬」（Methanocaldococcus）。（攝影：高井 研 ©JAMSTEC）

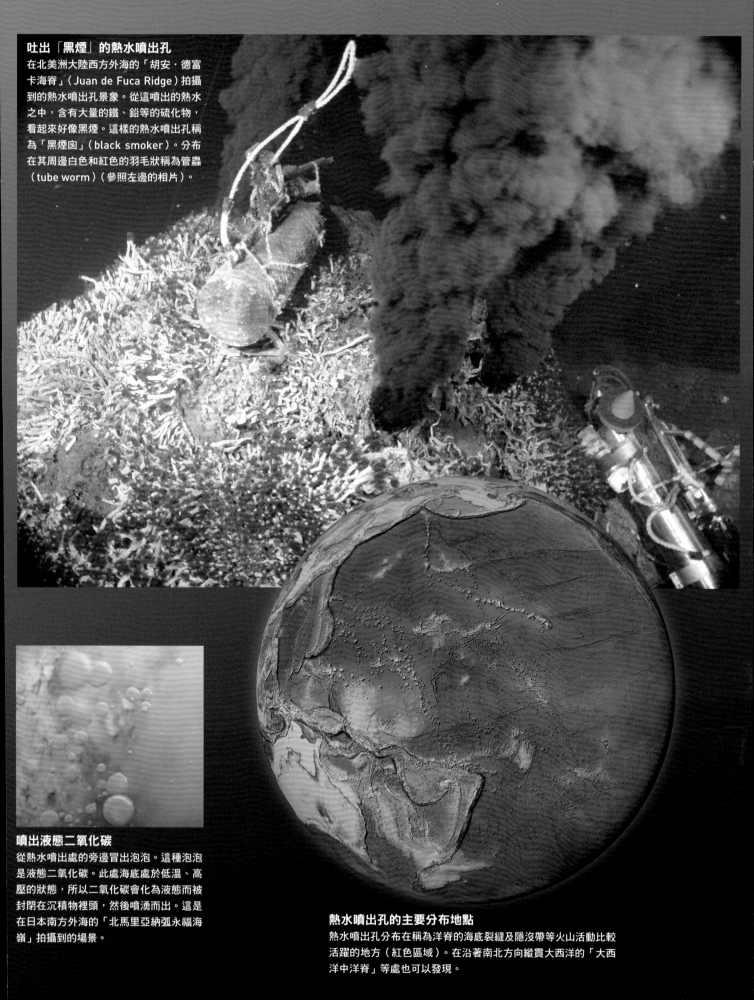

吐出「黑煙」的熱水噴出孔
在北美洲大陸西方外海的「胡安‧德富卡海脊」（Juan de Fuca Ridge）拍攝到的熱水噴出孔景象。從這噴出的熱水之中，含有大量的鐵、鉛等的硫化物，看起來好像黑煙。這樣的熱水噴出孔稱為「黑煙囪」（black smoker）。分布在其周邊白色和紅色的羽毛狀稱為管蟲（tube worm）（參照左邊的相片）。

噴出液態二氧化碳
從熱水噴出處的旁邊冒出泡泡。這種泡泡是液態二氧化碳。此處海底處於低溫、高壓的狀態，所以二氧化碳會化為液態而被封閉在沉積物裡頭，然後噴湧而出。這是在日本南方外海的「北馬里亞納弧永福海嶺」拍攝到的場景。

熱水噴出孔的主要分布地點
熱水噴出孔分布在稱為洋脊的海底裂縫及隱沒帶等火山活動比較活躍的地方（紅色區域）。在沿著南北方向縱貫大西洋的「大西洋中洋脊」等處也可以發現。

除了地球以外，唯一在地表擁有「海」的土衛六

　　土星的衛星「土衛六」的直徑大約5150公里，在太陽系內的衛星中僅次於木星的衛星「木衛三」（直徑大約5268公里）。它是太陽系內的衛星中唯一擁有大氣的衛星，大氣的主要成分和地球的大氣一樣都是氮，表面的氣壓為1.5大氣壓。土衛六全體籠罩著褐色的濃厚霧霾（haze），長期以來始終無法探知它表面的模樣。

　　2005年，ESA（歐洲太空總署）開發的小型著陸機「惠更斯號」（Huygens）搭乘NASA的土星探測器「卡西尼號」（Cassini），成功降落在土衛六的表面。從惠更斯號傳送回地球的土衛六地表景象，令全世界的研究者為之震驚。在惠更斯號下降途中所拍攝的圖像中，可以看到疑似河川流動的痕跡、似乎位於河灘上的圓石等等，景色竟然和地球十分相似。此外，北極和南極也分布著許多大大小小的海。

　　土衛六最大的海是位於北極的克拉肯海（Kraken Mare），面積和日本差不多。其次是麗姬亞海（Ligeia Mare）、蓬加海（Punga Mare）等大海，這些海都有大河注入其中。土衛六的這些海和地球上的海洋截然不同，海中的液體並非水（H_2O），而是以甲烷（CH_4）為主。我們都知道甲烷是一種在常溫下為氣體，且具有可燃性的物質。但是，因為土衛六表面的氣溫低至負180℃左右，所以甲烷化為液態而聚積成海。

　　在土衛六的大氣中，也發現了甲烷蒸發而形成的積雨雲。因此，應該會降下甲烷雨。把土衛六的重力大小、甲烷的表面張力、空氣的阻力等因素納入考量而進行計算的結果，推測雨粒的大小為直徑1～2公分左右，這種雨粒以秒速1公尺的速度，如雪花般緩緩飄落。像這樣，土衛六的世界和地球十分類似，只是把水換成甲烷而已。而且，它也會發生和地球十分類似的氣象現象，進行「甲烷的循環」。

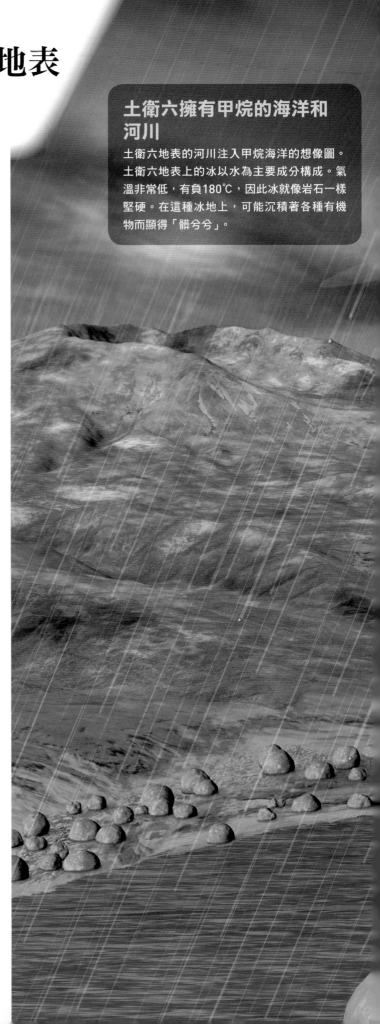

土衛六擁有甲烷的海洋和河川

土衛六地表的河川注入甲烷海洋的想像圖。土衛六地表上的冰以水為主要成分構成。氣溫非常低，有負180℃，因此冰就像岩石一樣堅硬。在這種冰地上，可能沉積著各種有機物而顯得「髒兮兮」。

土衛六上分布於北極周邊的海

克拉肯海

蓬加海

麗姬亞海

卡西尼號拍攝的土衛六的近紅外線圖像。深色部分為充滿液態甲烷的海。

土衛六的上空是製造生命原料物質的工廠

藉由探測器等等的觀測，我們已經得知，在土衛六上蘊藏著相當豐富的有機物，這些有機物對於生命的存在來說極為重要。土衛六的大氣含有95～97%的氮（N_2）、2～5%的甲烷。在土衛六的上空，這些氮和甲烷接受了射入大氣的放射線和來自太陽的紫外線，引發化學反應，製造出大量的各種有機物。

在土衛六上，發現了依循這個機制製成的乙烷（C_2H_6）和乙炔（C_2H_2）、苯（C_6H_6）等有機物。此外，也知道有氰化氫（HCN）等物質存在。這些分子會在大氣中進一步結合，製造出複雜的有機物。包覆著土衛六的濃厚霧霾正是這一些物質所形成。關根博士說：「土衛六的上空簡直可以說是製造各種有機物的化學工廠。」

也發現了製造類似細胞膜的物質！

2017年9月，在土衛六上有一項新的發現，讓人對其上頭有生命存在的可能性充滿了期待。在土衛六的大氣所含的有機物中，發現了大量的「丙烯腈」（acrylonitrile，CH_2CHCN）這種物質。丙烯腈能夠藉由把許多個分子連結在一起，製造出類似膜的結構。這種膜如果圍成囊狀，或許能製造出生物的「細胞」原型。這樣的囊狀膜稱為「氮質體」（azotosome）。

在土衛六上空製造出來的複雜有機物，會溶入甲烷的雨中，或化為微小的粒子，緩緩地掉落在土衛六的地面。這些種類多元的有機物，被甲烷的雨和河川運送到海中堆積起來。然後，這些有機物可能會在海中進一步反覆地發生化學反應，製造出複雜而多樣化的有機物。依此產生的多樣化有機物可能會被包進丙烯腈的膜裡面，逐漸演化成生命。

在上空製造出多樣性的有機物

在高度1000公里以上的高空，大氣中所含的甲烷等物質接受了來自太陽的紫外線及來自宇宙的放射線的能量，因而發生化學反應。可能是藉由這些物質反覆地發生反應，而逐漸製造出碳原子連結成線狀或環狀的複雜有機物。或許是這樣的物質堆積在甲烷的海中，因而孕育了生命。關根博士說：「假設有生命存在的話，那麼在甲烷海上或許會漂浮著微生物大量聚集的淤泥般的團塊。」

土衛六的生命具有親「油」的細胞膜？

地球上生物的細胞膜是由稱為脂質的分子所構成。脂質是具有「親水部分」和「親油部分」的分子。脂質分子在水中時會把親水的部分朝向外側（有水的一側），疏水（親油）的部分朝向內側，黏貼在一起而構成雙層的膜。這個膜會形成囊狀而製造出細胞。

在土衛六上，或許會製造出細胞膜的丙烯腈也具有「親水部分」和「親油部分」。土衛六的環境就像是個把地球的水置換成液態甲烷的地方。事實上，甲烷具有類似油的性質。因此，丙烯腈所製造的細胞膜可能會成為把親油的部分朝外接觸周圍的甲烷。也就是說，土衛六上生物的細胞膜或許和地球上的截然不同。

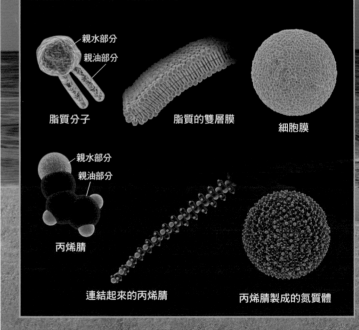

親水部分
親油部分

脂質分子

脂質的雙層膜

細胞膜

親水部分
親油部分

丙烯腈

連結起來的丙烯腈

丙烯腈製成的氮質體

氮

氬

甲烷

乙炔

乙烷

苯

氰化氫

丙烯腈

高分子化合物

土衛六的微生物？

在海面製造集合體的生命？

甲烷海

沉積的各種有機物

冰層

廣布於冰層底下的海洋，是否有未知的生命存在？

土星的衛星「土衛二」是一個直徑500公里，表面完全包覆著厚冰層的天體。在南極附近，這個冰層上有好幾條巨大的裂縫，其中一部分裂縫以秒速數百公尺的高速噴出大量的水蒸氣。由此可以推測，在這個厚冰層底下可能有液態水，亦即海（內部海）存在。

地底下的冰會融化，這意謂著土衛二的內部有熱源（能源）。那麼，這個熱源是什麼呢？土衛二繞行土星的軌道其實並非完全的圓形，而是稍微扁平的橢圓形。因此，土衛二在公轉的路徑中，有時候離土星近一點，有時候離土星遠一點。這麼一來，在離土星比較近時，土星的強大重力（企圖把土衛二往軌道內側拉的力）和作用於土衛二的離心力（企圖把土衛二往軌道外側推的力）會使土衛二稍微扭曲成像橄欖球一樣。而在離土星比較遠時，所承受的土星的重力減弱了，於是回復原來的球形。就這樣，由於反覆地變形，使得土衛二的內部產生了摩擦熱。這樣的現象稱為「潮汐加熱」（tidal heating）。

內部海的水是溶有生命原料的「湯汁」

土星探測器卡西尼號衝入土衛二噴出的水蒸氣裡面，詳細地調查了它的成分。結果得知，其中98%是水（水蒸氣），1%是氫（H_2），而其餘的成分中，含有二氧化碳、甲烷、氨等物質，也含有乙醇、氮化合物等各式各樣複雜的有機物。也就是說，內部海可能宛如一鍋溶有生命原料的湯汁。「土衛二可以說已經備齊了有機物、液態水、能量這三種對於生命來說至關重要的要素。」（關根博士）

在土衛二的內部海，可能也有像地球海底的熱水噴出孔一樣的場所。在這種地方，或許會孕育出像地球上的甲烷生成菌一樣，利用氫和二氧化碳製造出甲烷而賴以維生的生物。

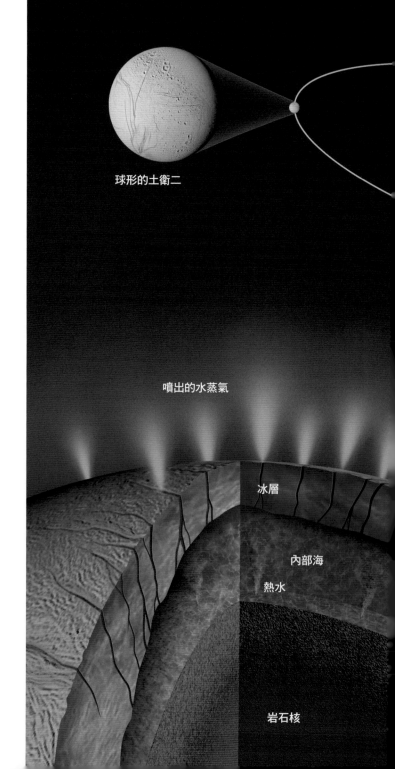

因變形而產生的熱能創造了海

衛星在環繞行星的軌道上旋轉時，會因為行星的重力的影響，使得衛星本身反覆地變形而產生潮汐加熱的作用。被冰包覆的衛星，這個熱可能會把冰層的底部融化，從而創造出內部海。除了土星的衛星土衛二之外，同樣被冰包覆的木星的衛星木衛二可能也擁有內部海。不過，截至目前為止，尚未確定木衛二是否具有孕育生命所需的有機物。

球形的土衛二

噴出的水蒸氣

冰層

內部海

熱水

岩石核

土星的衛星土衛二
直徑約500公里

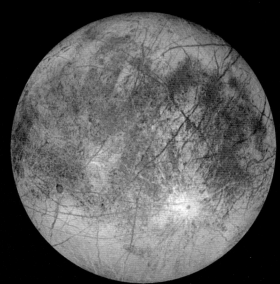

木星的衛星木衛二
直徑約3120公里

土星

土衛二的橢圓軌道

扭曲的土衛二

※：插圖中把土衛二的扭曲程度及
橢圓軌道做了誇大的顯示。

繞著橢圓軌道運行而反覆變形的土衛二

在土星系之中，緊鄰土衛二外側繞行的衛星是土衛四。土衛二和土衛四在環繞土星旋轉的週期上具有特殊關係。內側的土衛二繞行土星 2 圈，則土衛四恰好繞行土星 1 圈。這種現象稱為「軌道共振」（orbital resonance）。這麼一來，土衛二和土衛四就會不斷地在軌道的相同位置上接近而互相吸引，所以會導致土衛二的軌道稍微扭曲而變成橢圓形。於是，土衛二會一再地在接近土星時變形，在遠離土星時又回復原狀，因此產生摩擦熱。

土衛二的內部海有熱水噴出孔

土衛二的噴出物有一部分成為土星環（E環）的原料。已知這個E環含有矽土（二氧化矽）的微粒子。在地球上，矽土是在熱水噴出孔等具有熱水的環境中生成的物質。由此或許可以推測，土衛二的內部海應該也有類似熱水噴出孔的場所。

火星地底下殘留的水脈中，
或許殘存著生命

火星可能一直到大約38億年前，仍然是個比現今更為溫暖且擁有大量水的環境，處處分布著大片的海洋和湖泊。科學家原本以為，在歷經長久的歲月後，火星的液態水已經全部喪失了，但是在利用探測器詳細觀測地形之後，發現了好幾個疑似還有水在流動的地形。

NASA的火星探察車好奇號（Curiosity）降落在可能38億年前曾經是湖的蓋爾隕石坑（Gale Crater），分析它的堆積物。2013年首度發現它的堆積物裡含有2種有機物。目前並不確定這些有機物能否孕育出生命，但

由此可知，古代的湖底曾經堆積著含有有機物的泥。2018年，又從其他的泥岩中發現了大約30種有機物。

此外，古代的火星可能有非常活躍的火山活動。實際上，在可能曾經是湖區的地表，以及後來被隕石撞擊而形成的凹坑壁面，也發現了熱水和岩石發生反應而製造出來的黏土礦物。許多研究者認為，由這些跡象顯示，曾經有大量水存在的火星，在湖底可

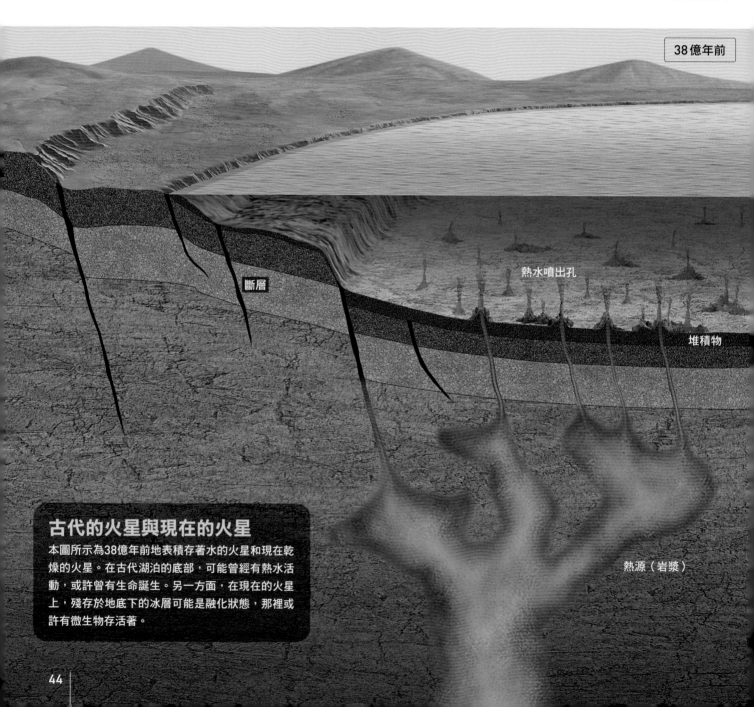

38億年前

斷層

熱水噴出孔

堆積物

熱源（岩漿）

古代的火星與現在的火星

本圖所示為38億年前地表積存著水的火星和現在乾燥的火星。在古代湖泊的底部，可能曾經有熱水活動，或許曾有生命誕生。另一方面，在現在的火星上，殘存於地底下的冰層可能是融化狀態，那裡或許有微生物存活著。

能會有噴出熱水的地方。而這樣的地方或許會有微生物誕生並且存活著。

應該在現今的火星上什麼地方探測生命呢？

那麼，如果火星上有生命誕生的話，現在是否還存在著呢？關根博士說：「如果想在現今的火星上探測生命的話，地底下應該是有力的候選場所吧！」在火星的地底下，可能會有水以類似永凍土的形式留存著。如果這個冰層的某些地方，受到地底下的岩漿等的加熱而融化，那麼在那些融化的地方，誕生於古代火星的微生物或許直到今天還殘存著。

這樣的地下水脈，可能位於地表下方超過數十公尺的深處。以現在的技術而言，探測器要挖掘到如此深的地方有其困難。但是，由於隕石的撞擊而形成的隕石坑，如果地底下有這樣的水脈存在，則或許只須挖掘比較短的距離就行了。而在那裡，或許能夠發現生命。

2018年，在火星南極的1.5公里厚的冰床（水冰與宇宙塵的地層）底下，發現了液態水的湖存在的證據。

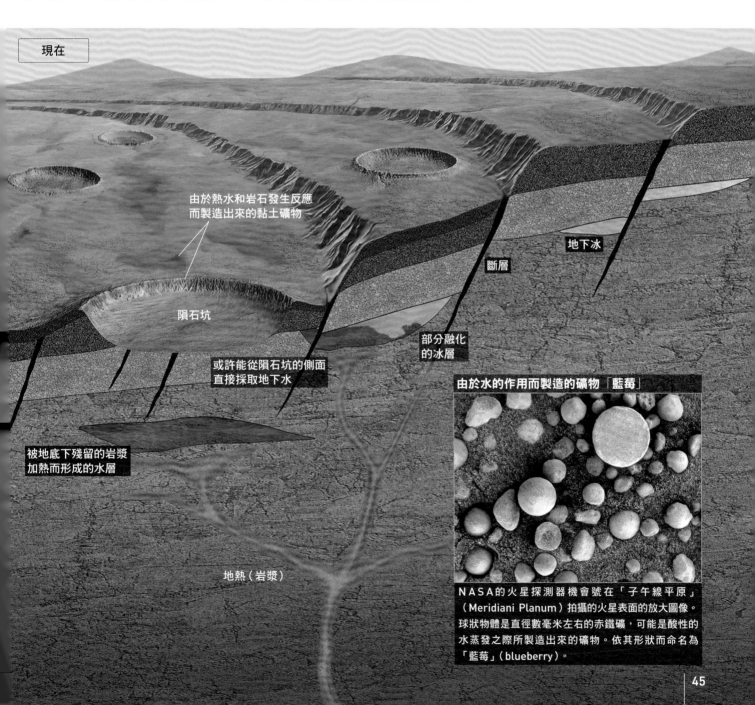

現在

由於熱水和岩石發生反應而製造出來的黏土礦物

地下冰

斷層

隕石坑

部分融化的冰層

或許能從隕石坑的側面直接採取地下水

被地底下殘留的岩漿加熱而形成的水層

地熱（岩漿）

由於水的作用而製造的礦物「藍莓」

NASA的火星探測器機會號在「子午線平原」（Meridiani Planum）拍攝的火星表面的放大圖像。球狀物體是直徑數毫米左右的赤鐵礦，可能是酸性的水蒸發之際所製造出來的礦物。依其形狀而命名為「藍莓」（blueberry）。

生命越過宇宙空間在天體間移動？

有一種說法，主張地球上的生命並非在地球上誕生，而是「來自宇宙的某個地方」。這個假說就是距今100多年前，由瑞典物理化學家阿瑞尼斯（Svante August Arrhenius，1859～1927）提出的「泛種論」（panspermia theory）。乍聽之下，或許會覺得這真是個荒腔走板的說法，但又很難完全否定它的可能性。

宇宙空間的紫外線及放射線非常強烈，微生物如果直接曝晒必定會死亡。但是我們已知微生物如果被封閉在岩石內部的微小空間狀態下，因為岩石能遮蔽紫外線及放射線，即使度過漫長的期間，也可能存活下來。像這種，生物因為受到岩石的保護而在宇宙空間移動的假說，再加上代表岩石的「litho」，而稱為「岩石泛種論」（lithopanspermia theory）。

此外，有個日本的研究團隊也提出了另一個假說，主張微生物如果集結成團塊，即使不是封閉在岩石內部，或許也能夠在宇宙空間存活而四處移動。因為，如果能夠集結成團塊，則雖然外側的微生物會被紫外線和宇宙線殺死，但是內側的微生物受到了保護，或許仍然能夠存活下來。這個假說加上代表團塊的拉丁語「masa」，而稱為「團塊泛種論」（masapanspermia theory）。

為了驗證這個假說，從2015年開始在國際太空站（ISS）展開稱為「蒲公英計畫」（Tanpopo mission）的實驗，調查微生物如何在宇宙空間存活。這項計畫把地球的微生物直接暴露在宇宙空間，檢測它能存活多久的期間。

2016年把第一批試驗材料帶回地球進行分析。調查的結果指出，直接暴露在宇宙空間一整年的微生物團塊，雖然它表面的微生物死亡了，但內部的微生物卻仍然存活著。蒲公英計畫也進行了另一項實驗，捕捉在宇宙空間四處飛竄的無數微粒子（宇宙塵），帶回地球進行分析，調查其中是否含有做為生命原料的有機物。

像這樣，我們逐漸明白了，生物即使是在宇宙空間，似乎依然能夠存活一定的期間。如果因為小行星等撞上了有孕育生物的天體，把該天體的岩石撞飛到宇宙空間，那麼附著於岩石上的微生物便有機會活生生地在太陽系的天體間移動。

地球上的生物在其他天體也能存活嗎？

那麼，地球上的生物如果到了太陽系的其他天體，也能在那裡存活下來嗎？關根博士說：「假設，把地球的微生物移到比較溫暖而有水的初期火星，是有可能存活下來哦！此外，地球的甲烷生成菌等生物，如果因為某些原因而移居到土衛二的地底下，或許也有可能存活下來吧！」不

在國際太空站施行的「蒲公英計畫」

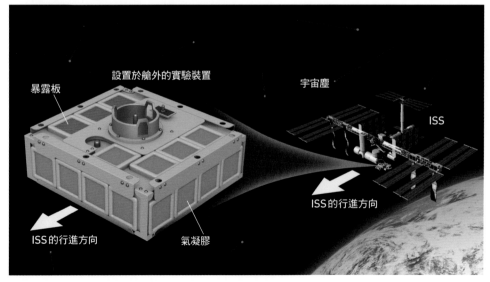

暴露板
設置於艙外的實驗裝置
宇宙塵
ISS
ISS的行進方向
ISS的行進方向
氣凝膠

蒲公英計畫的實驗裝置，設置於國際太空站（ISS）的日本實驗艙「希望號」的艙外空間。實驗裝置的上方設置暴露板，把微生物和有機物放在板子上，使其直接暴露在宇宙空間，以便調查紫外線和放射線的影響。

板子在放置1～3年間分批收回。在宇宙空間暴露1年的板子已於2016年8月帶回地球，暴露2年的板子也於2017年9月收回，正在進行分析。

實驗裝置上也設置了「氣凝膠」（aerogel），讓在宇宙空間中飛竄的微粒子撞上而加以採集。

過，考量到移動所需的時間及機率，從地球飛出去的微生物抵達土衛二的機會似乎十分渺茫。即使土衛二有生命存在，應該不會是地球生物的「親戚」，而是完全獨自誕生的物種。

▌探測「海洋行星」

從前面一路所言可知，我們的太陽系中有好幾個天體具有孕育生命的可能性。近年來，我們把表面及地底下擁有海，其中可能有生命存在的天體，稱為「海洋行星」（ocean planet或ocean world）。並且，積極地對這些地方進行探測。

其中之一，是NASA計畫於2024年發射的「木衛二飛越任務」（Europa Clipper mission）。木星的衛星木衛二的表面覆蓋著冰層，在冰層底下有海洋存在。而且，我們觀測到它的大氣中含有水蒸氣，所以地表底下可能也有液態水存在。

木衛二飛越任務的探測器的主要任務，就是要去確定木衛二並非只有液態水，還擁有有機物及充分的能量這些生命所必需的三種要素，是真正適合生命的環境。探測器將環繞木星飛行，並且在繞行期間飛越（flyby，接近通過）木衛二44次，預定最接近的一次將從距離地表僅僅25公里的上空通過木衛二。此外，也將衝進已經多次確認的地表噴出物裡面，調查其中含有什麼樣的物質。

另一項宏大的計畫，是由歐洲太空總署ESA主導，日本及美國也有參與的木星冰月探測計畫「JUICE」（JUpiter ICy moon Explorer）。顧名思義，JUICE就是把探測器送往木星，針對木衛

木星冰月探測計畫「JUICE」

一邊繞行木星，一邊探測冰衛星的JUICE探測器的想像圖。

二、木衛三和木衛四這些被冰層覆蓋的衛星，實施重點調查的大規模計畫。木衛三和木衛四的冰層底下可能也有海存在。JUICE探測器預定2022年發射，2029年抵達木星系。抵達後，將飛越木衛二2次、木衛四30次以上，以便觀測這些衛星。然後，在2032年投入繞行木衛三的軌道。JUICE探測器預定搭載11種觀測機器，其中一部分由日本的研究團隊負責開發製造。除此之外，其中兩部機器所取得的觀測資料也將由日本的研究團隊負責分析。日本負責開發的機器之一，是使用電波（次毫米波）調查木衛二等天體的噴出物。不只能調查它的成分，也能調查同位素（雖然是相同的元素，但原子的質量有些微不同的物質）的組成。生物進行生命活動之際所製造出來的物質，會在這個同位素的組成上顯現特徵。因此，關於生命的存在，非常期待JUICE能獲取比木衛二飛越任務更進一步的成果。

關於土衛六，NASA預計於2027年發射探測器「蜻蜓號」（Dragonfly）。使用無人機在大氣中飛行，調查地表的有機物、地形、氣候等等。

在火星這方面，ESA的火星探測計畫「ExoMars」（Exobiology on Mars）預定在2022年發射新的探測車。這輛探測車將挖掘火星地面2公尺深左右，分析堆積物，調查其中所含的有機物。而NASA早在2020年7月就發射了「毅力號」（Perseverance）前往火星，已於2021年2月18日降落在火星北半球的耶澤羅隕石坑（Jezero crater）上。

在2020～2030年代期間，將陸續實施這些次世代的探測任務。或許在不久的未來，就能獲得歷史性的大發現，闡明地球外生命是否存在的大謎題。　🪐

探究月球起源的新假說

可能是因為遠古時代有原始行星撞上包覆著岩漿海的地球，因而誕生了月球。

月球誕生的祕密或許終於要被揭開謎底了。日本海洋研究開發機構（JAMSTEC）的細野七月博士和耶魯大學的唐戶俊一郎教授等人，使用超級電腦「京」實施模擬的結果，發現了月球是從46億年前的地球「岩漿海」誕生的可能性。

協助 ┊ **細野七月**
日本國立研究開發法人海洋研究開發機構 特任技術研究員

仰望夜空，明月高懸。月球是環繞地球公轉的衛星。儘管對於居住在地球上的我們來說，它是最貼近熟悉的天體，但事實上，月球究竟是在什麼時候以什麼方式成為地球的衛星，卻至今仍無法闡明。

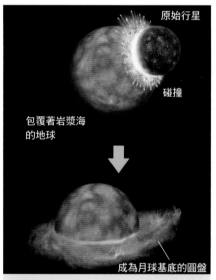

何謂「巨大碰撞說」？
46億年前，原始行星撞上了地球。地球和原始行星的岩石因為這個撞擊而熔化，成為蒸氣飛散出去，後來被地球的重力吸引而聚集起來，形成「圓盤」而繞著地球旋轉。這個圓盤的一部分逐漸冷卻凝固，最後形成了月球。根據這次的研究，原始行星撞上地球時，地球應該是被岩漿海包覆著。

圖中標示：原始行星、碰撞、包覆著岩漿海的地球、成為月球基底的圓盤

月球是因原始行星撞擊地球而形成？

關於月球的起源，最有力的說法是「巨大碰撞說」。根據這個假說，在大約46億年前，有一個大小為地球一半左右的天體（原始行星）撞上了地球。由於這個碰撞的能量，原始行星和地球的表面的岩石熔化而蒸發，拋撒到宇宙空間。這些蒸氣受到地球引力的影響而形成「圓盤」，後來逐漸冷卻凝固，最後就形成了月球（左邊插圖）。

除此之外，還有各式各樣的假說，例如月球是在偶然間飛到地球附近被地球的引力「捉住」而成為衛星的「捕獲說」等等。但是一般認為，比起巨大碰撞說，捕獲說之類的假說發生的可能性非常微小。

不過，在2001年左右，研究者發現了巨大碰撞說有一個矛盾之處。根據研究人員調查「阿波羅計畫」※從月球帶回來的岩石結果，得知構成月球岩石的物質和構成地球岩石的物

質幾乎相同（99%以上）。但是，根據以往的電腦模擬所得到的結果，巨大碰撞所形成的月球岩石，它的構成物質應該會和撞擊過來的原始行星的岩石幾乎相同。也就是說，實測值和電腦模擬得到的預測值完全不同。

巨大碰撞說的某個部分出了問題。於是在2012年左右，有人提出原始行星多次撞擊地球而形成月球的「多次碰撞說」等等的新假說，但是發生的機率太低，無法被人廣泛接受。

掌握月球誕生的關鍵的「岩漿海」

2014年，美國耶魯大學唐戶教授提出一個新的假說，主張「岩漿海」（magma ocean）的存在，以求解決巨大碰撞說的矛盾。所謂的岩漿海，是指包覆在形成初期的原始地球表面的「岩漿海」。如果地球和原始行星碰撞時，地球表面布滿了岩漿海的話，便能解決巨大碰撞說的矛盾。專精電腦模擬的行星科學家細野博士為了驗

※：1961～1972年，NASA（美國國家航空暨太空總署）首次進行載人航天飛行。

證唐戶教授提出的這個假說，便開始著手進行研究，打算施行世界首次的巨大碰撞說的電腦模擬。

細野博士說明：「岩漿是岩石熔化成為液體的東西。也就是說，比起固體的岩石，這是更容易轉化為氣體而飛散出去的狀態。因此，假設地球是被『岩漿海』包覆著的話，則碰撞時，從地球這邊飛散出去的蒸氣會占有比較大的比例。這麼一來，就可以預測月球岩石當中的成分，來自地球的物質會占多數。」

使用超級電腦「京」驗證新的假說

若要施行這次的模擬，超級電腦「京」是不可或缺的利器。在巨大碰撞說之中，含有撞擊過來的天體的大小及速度、地球的岩漿海的深度等許多尚未闡明的參數。因此，必須模擬各式各樣的模型，找出可能是最接近現實的結果，所以需要計算速度卓越出眾的超級電腦。

「除此之外，開發出能夠讓『京』的性能充分發揮的程式也很重要。尤其是天體碰撞時飛散出來的粒子（氣體），其模擬出來的細緻行為和『京』並不相容，技術上可說相當困難。」細野博士說明。

細野博士這次開發了使用「京」來模擬粒子的細緻行為的新程式，並在假設岩漿海存在的前提下，進行了「巨大碰撞說」的模擬（下方圖像）。結果顯示，成為月球基底的「圓盤」的物質中，有70%以上來自地球。這項模擬領先全世界，成功地獲得與阿波羅計畫的實測值相當接近的理論值。

啟發全世界研究者的「岩漿海說」

這次的論文在全世界的研究者之間引起了很大的回響。細野博士說：「這個假說若要成立，必須是天體撞上地球的瞬間和地球上有岩漿海的時期重疊才行。這件事在現實的宇宙中是否能夠發生，還必須和岩漿海的研究者等多個領域做更深入的探討才行。」

探討月球誕生之謎的研究，在這20年來並沒有掌握到重大的線索。我們期待這次的成果能夠成為突破點，促使這方面的研究大步躍進。

（撰文：尾崎太一）

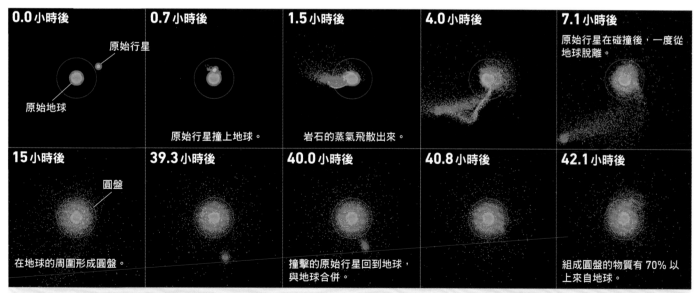

考量岩漿海的「巨大碰撞說」模擬結果
原始地球從內側起可分為金屬（灰色）、岩石（黃色）、岩漿海（橙色）這3層，原始行星從內側起可分為金屬（灰色）、岩石（藍色）這2層。這兩個天體碰撞之後，產生了岩石的蒸氣，撒放到宇宙空間（上段左起第3張圖像）。後來，這些蒸氣逐漸聚集，在地球的周圍形成了「圓盤」，成為月球的基底（下段）。在這次的模擬中，闡明了這個圓盤的70%以上是由來自地球的物質所組成。月球是這個圓盤冷卻固化後誕生的天體。還有，綠色的圓是稱為「洛希極限」（Roche limit）的位置，月球是在這個界線的外側誕生。

從小行星糸川的粒子探究地球的「水的起源」

隼鳥號帶回來的小行星微粒子裡面發現了水

JAXA（日本宇宙航空研究開發機構）的探測器「隼鳥號」（Hayabusa）於 2010 年把小行星「糸川」（25143 Itokawa）表面的物質樣本帶回地球。根據最新的分析結果，在糸川的微粒子中發現了含水的礦物。萬方期待這項成果能成為「地球的水從哪裡來」這個大謎題的線索。

協助 **臼井文彥**
日本神戶大學大學院理學研究科行星科學研究中心特命助教

在太陽系裡，除了行星及衛星之外，還有以岩石為主要成分的「小行星」、含有冰的「彗星」等小天體，光是目前已知的小天體就有90萬顆以上。

小行星是太陽系的「化石」

小行星和彗星這些小天體是「原始太陽系的化石」，被認為是闡明太陽系歷史的關鍵之所在，所以備受矚目。

大約46億年前，剛誕生不久的太陽系中，稱為「微行星」的小天體彼此反覆地碰撞、合併，逐步形成了地球這樣的固體行星。這個時候，行星的表面可能依然處於熔融的狀態，所以它的熱使得行星誕生之初的物質產生了變化或消失。而另一方面，現存的小行星及彗星則大多是當初沒有參與構成行星的微行星，保留原貌殘存至今的天體。也就是說，它們仍然保存著剛誕生時的太陽系的情報直到現在，所以被稱為「化石」。

自1990年代以來，派出了不少架探測器前往小行星。2003年發射的「隼鳥號」也是其中一員。隼鳥號於2005年採取了小行星「糸川」（左邊相片）的表面物質樣本，裝入膠囊艙內，於2010年回到地球。

糸川是歸類為「S型小行星」的小行星。往地球墜落的隕石有一大半屬於「普通球粒隕石」（ordinary chondrite），這種隕石極有可能源自S型小行星。由於小行星和其他天體發生碰撞等因素，使得它們的碎片四處飛散，其中一部分飛來地球，即成為隕石。

另一方面，隼鳥號的後繼機「隼鳥2號」所探測的小行星「龍宮」（162173 Ryugu）、NASA的探測器「歐西里斯號」（OSIRIS-Rex）所探測的小行星101955「班努」（Bennu）則都屬於「C型小行星」的類型。C型小行星可能是含有大量有機物及水等成分的「碳質球粒隕石」（carbonaceous chondrite）的母天體。

糸川超乎預料之外地含有大量的水

從隼鳥號帶回來的膠囊艙，回收超過3000個含有糸川表面物質直徑0.1毫米以下的微粒子。JAXA提供了 5 個糸川的粒子給美國亞利桑納州立大學的研究團隊，分析粒子中一種稱為「輝石」（pyroxene）的礦物。輝石是地球岩石中也含有的礦物，有些輝石的結晶裡會含有水分子。亞利桑納州立大學的研究團隊懷疑糸川的輝石可能也同樣含有水分子，因此進行分析。

小行星糸川

繆斯海

2005年隼鳥號著陸的糸川，屬於「S型小行星」的類型。這個形狀像仰躺著的海獺的天體，有一個稱為繆斯海（Muses Sea）的平坦場所，隼鳥號便是在這裡著陸，採取地表面的物質樣本。

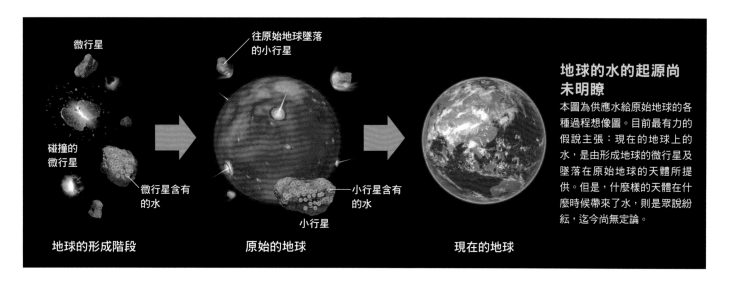

地球的水的起源尚未明瞭

本圖為供應水給原始地球的各種過程想像圖。目前最有力的假說主張：現在的地球上的水，是由形成地球的微行星及墜落在原始地球的天體所提供。但是，什麼樣的天體在什麼時候帶來了水，則是眾說紛紜，迄今尚無定論。

微行星

往原始地球墜落的小行星

碰撞的微行星

微行星含有的水

小行星含有的水

小行星

地球的形成階段　　　　　原始的地球　　　　　現在的地球

分析的結果，檢驗出質量比約0.07～0.1%的水。這個含量與地球上的輝石含水量差不多，甚至稍微多一點點（但是也不否定有可能在分析過程中不小心混入了地球的水）。科學家原本以為S型小行星是水分非常稀少的乾燥天體，所以這項發現真是出乎意料之外。

糸川的水和地球的水相似

研究團隊進一步把目光放在構成水分子的氫原子上。水分子由2個氫原子和1個氧原子構成，但有些時候，普通的氫原子會被質量約2倍的「重氫」（氘）取代。重氫的比例在各個天體上並不盡相同，所以測定它的比例可以做為調查地球上水的起源的線索。例如，我們已經知道，彗星中所含的水，一般來說，重氫的比例比地球上的水還要多。

研究團隊分析的結果，得知糸川粒子的水中所含的重氫比例，和地球上的水中所含的重氫比例，兩者幾近相同。他們根據這項數據推論，S型小行星供應給地球的水，最多可能達到地球海水的50%。

日本神戶大學大學院理學研究科行星科學研究中心臼井文彥特命助教說：「這項分析結果是解答地球的水來自何方這個謎題的重要資料。」

現今地球上的水，可能來自遠古時代墜落於原始地球的大量天體。但是，具體而言，究竟什麼樣的天體才是水的起源，這一點迄今依然眾說紛紜，莫衷一是。

「我們已經知道，彗星的水大部分所含的重氫比例，比地球上的水更高。但若假設C型小行星是唯一的來源，則它的水量又比現在地球上的水量還要少。這次分析的結果，或許很自然地會讓我們推測，現在地球的水可能是由來自多個源頭的水混雜在一起，有一部分來自彗星及C型小行星，也有一部分來自S型小行星及其母天體。」（臼井特聘助教）

隼鳥2號可望帶來謎題的解答

截至目前為止，只有從小行星糸川帶回其表面物質，直接測定它的成分。因此，想要藉此對地球的水的起源做出結論，未免言之過早。如果隼鳥2號和歐西里斯號能夠帶回2個C型小行星的樣本，或許可以獲得更充分的資料，幫助我們解答這個謎題吧！

臼井特聘助教說：「地球的表層擁有豐富的液態水，所以一直以來都認為只有地球擁有水。但是，現在已經得知，在太陽系中處處都有水的存在。水會因為周圍環境的溫度、壓力等條件而變化成各種形態。因此，我堅信，在各式各樣的天體中尋找水，不僅有助於解答地球的水的起源，也將成為闡明太陽系的形成及演化的歷史的重大線索。」也因此，我們對正在執行任務的隼鳥2號和歐西里斯號寄予厚望。　❦

（撰文：中野太郎）

隼鳥2號第2次登陸成功！

世界首次成功地採取小行星的地下物質

JAXA 的探測器「隼鳥2號」於 2019 年 7 月 11 日在小行星「龍宮」完成了第 2 次登陸任務。
前後 2 次登陸，成功地採取了小行星表面和地表下的物質。藉由分析所採取的物質，或許可
幫助我們解答太陽系的歷史、生命的起源等謎題。

協助　吉川 真
日本宇宙航空研究開發機構「隼鳥2號」任務經理

2019年7月11日10時20分（日本時間，以下同），JAXA的探測器「隼鳥2號」在小行星「龍宮」完成了第2次登陸。JAXA的任務經理吉川真說：「最後的大任務成功了！真是鬆了一口氣。」

製造人造隕石坑，採取地表下的「新鮮物質」

科學家認為，地球等太陽系的行星是在距今大約46億年前，藉由無數小天體的碰撞、合併而形成。這類小天體的殘存者可能就是現在的小行星，所以這些小行星當中，應該有一些還保留著太陽系創生之初的狀態。

現在，已經在太陽系裡頭發現了90萬顆以上的小行星。其中一個稱為龍宮，被歸類為「C型」小行星，這類小行星可能含有大量做為生命原料的有機物。如果能夠在龍宮上發現有機物，將成為揭曉地球生命來源的重要線索。

隼鳥2號計畫的主要任務是採取龍宮上的物質，前後施行2次（原本計畫3次）登陸，第1次採取地表的物質，第2次採取地表下的物質。地表物質很有可能受到宇宙風化（由於隕石的撞擊、放射線、太陽的熱及光等因素而變質的作用）的影響，因此，使用稱為「衝擊器」（impactor）的撞擊裝置，把銅塊打進龍宮的地表，以人工的方式製造隕石坑，使可能接近太陽系形成之初狀態的地下物質暴露出來。

隼鳥2號於2019年2月22日採取了地表物質，4月5日製造了一個直徑約10公尺的撞擊坑，進行世界上首次藉由製造人造隕石坑使「新鮮」的地下物質暴露出來的採集作業。

為什麼要在人造隕石坑的外面登陸？

事實上，當初的計畫是在撞擊坑內部或鄰近的地點進行登陸。但是在實際調查人造撞擊坑之後，發現它的斜度比原先的預估還要陡峭，在其內部登陸的風險性太高。吉川任務經理說：「並不是非得在人造隕石坑內部登陸不可。因為，製造人造隕石坑時，地下物質會飛散到周圍，所以只要在這些地下物質沉積的場所登陸，就能採取到地下物質。」

在人造的撞擊坑外面登陸，還有以下的優點。「在人造隕石坑的外面，地表物質和地下物質混雜在一起，所以一次登陸能夠同時採取到兩種物質。因此，除了原先預定的調查

小行星「龍宮」
赤道直徑 1000 公尺左右的小行星。以大約 1.3 年的週期繞著太陽公轉。紅點為第 1 次登陸的位置，綠點為第 2 次登陸的位置，分別命名為「玉手箱」（Tamatebako）和「小打槌」（Uchide-no-Kozuchi）。

第1次　第2次

『地表物質和地下物質的差異』的項目，又能夠把兩次登陸所採取的地表物質做比較而增加調查『不同地點的地表物質的差異』的項目。」（吉川任務經理）

隼鳥2號使用光學照相機調查人造撞擊坑的外面，確認有地下物質沉積的場所。詳細測量這個場所的岩石的高度，得知並沒有大型的岩石，因此隼鳥2號在這個地點投下了目標標定球（target marker，用於指引登陸地點的標誌）。

吉川任務經理說：「登陸是風險度最高的任務。第1次已經成功採取了地表物質。正因如此，是否要施行第2次登陸，便相當難以抉擇。」

得手「太陽系歷史的碎片」

7月10日11時，隼鳥2號從20公里的高空開始下降。下降到500公尺的高度時，任務小組進行了機體的最後檢查，然後由JAXA的津田雄一計畫經理發出登陸的指令。從此刻開始，隼鳥2號自行展開了登陸的行動。

7月11日10時20分，確認機體登陸後再度升空，管制室中傳出了鼓掌歡呼的聲音。同日下午的記者會中，津田計畫經理歡欣地說：「我們取得了太陽系歷史的碎片。」

隼鳥2號的前身「隼鳥號」經歷了燃料洩漏、通訊中斷等諸多困難。吉川任務經理說：「隼鳥2號完全沒有遇上重大的問題。探測器的機器也正常

運作，使得前後2次登陸都能順利完成。這些都是因為有隼鳥號的前車之鑑。」

殷切期盼返回地球的歸途

隼鳥2號於2019年11月從龍宮出發，2020年12月初飛抵地球附近，膠囊艙成功地脫離機體落向地球，以秒速12公里的速度衝入大氣圈，表面溫度高達3000℃。12月6日凌晨，膠囊艙順利降落在澳洲的沙漠。

隼鳥2號在第1次登陸時採取了龍宮的地表物質，第2次登陸時採取了地表物質和地下物質的混合物。這是世界首次採取了小行星兩個地點的不同深度物質的壯舉。吉川任務經理說：「隼鳥號帶回來的小行星『糸川』樣本，最大的也只有0.3毫米左右，大部分都是數十微米（1微米為1毫米的1000分之1）而已的微粒子。而這次隼鳥2號採取的樣本，可望能有數毫米的粒子。因此，從岩石的構造這個觀點來說，或許可以幫助我們了解更多。」

從截至目前為止對糸川的微粒子的分析，讓我們獲得了對於太陽系形成歷史的各種新的見解。龍宮是性質和糸川不一樣的小行星，我們期待它擁有許多成為生命原料的有機物。「這次分析的重點在於有機物和水。若是把糸川和龍宮拿來做比較，或許也會有更新的發現。」（吉川任務經理）

隼鳥2號把膠囊艙送回地球

第2次登陸

上：第2次登陸的地點和人造撞擊坑的位置。製造人造撞擊坑時飛揚起來的地下物質沉積在登陸的地點。

下：確認探測器登陸後又升空時的控制室的場景。津田計畫經理開心地和同事擁抱（圖像中央）。

之後，總算完成了這次重大任務。由於它還有剩餘的燃料，所以接下來，它將繼續前往下一個目的地，探訪小行星1998 KY26，預計十年後能接近目標。　　　　　🪐

銀河系與
太陽系

太陽系位於由1000億～數千億顆恆星組成的銀河系邊陲地帶

對於古代的人們來說，橫跨夜空的天河究竟是神祇畫在天空的圖案？或是飄浮在宇宙空間的氣體？他們並不十分明瞭。

第一位把望遠鏡舉向天河，從而發現它其實是由數量龐大的恆星聚集而成的人，是義大利科學家伽利略。後來，因為發現天王星而聞名於世的英國天文學家赫歇爾（Frederick William Herschel，1738～1822）更闡明了天河是由無數個恆星配置成凸透鏡形狀的集團。

這個恆星集團稱為「天河」或「銀河系」。 銀河系是由1000億～數千億顆恆星（本身發光而明亮的星球）組成的集團。我們的太陽就是其中一顆恆星，位於離銀河系中心相當遙遠的地方，也就是說，我們是住在銀河系的郊外。

在PART 2，我們將一路拜訪許多個銀河系中的代表性天體，最終抵達相距 2 萬6000光年遠的銀河系中心。

銀河系的整體形貌

銀河系的形狀完全就是一顆荷包蛋的樣子。相當於蛋黃的部分，也就是位於中心的球狀構造，稱為「核球」（bulge）。核球中含有許多黃色的老年恆星，正在步向所謂的恆星高齡化。銀河系的核球並非完美的圓形，而是稍微細長的棒狀。

從這個棒狀核球的兩端，伸展出 2 條壯闊的星系臂，稱為「英仙臂」和「盾牌-半人馬臂」。太陽系位於比這兩條粗大星系臂稍微細小的「人馬臂」分支「獵戶臂」上。這些星系臂旋轉成螺旋狀，組成了相當於蛋白部分的圓盤狀構造。

銀河系的圓盤直徑大約10萬光年，圓盤的厚度由中心往邊緣越來越薄，在太陽系這一帶為2000光年左右。

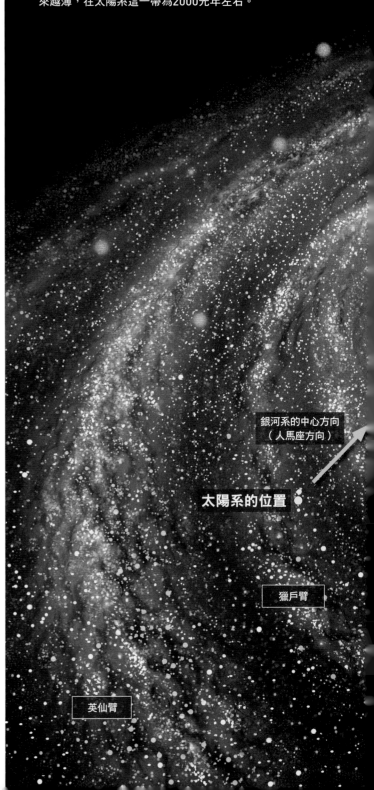

銀河系的中心方向
（人馬座方向）

太陽系的位置

獵戶臂

英仙臂

球狀星團

核球

盾牌－半人馬臂

人馬臂

想要抵達太陽隔壁的恆星，即使光速也要耗費4年以上的時間

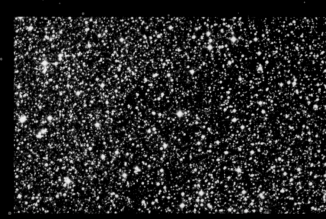

上圖的觀看方法：顯示各頁介紹的天體位於宇宙的哪個方向上。中心為地球（太陽系）。淡藍色的平面為銀河系的圓盤面。右方為銀河系中心的方向。相對於這個平面，上方為北側，下方為南側，第58～59、64～65、82～83、104～105頁也都是相同的模式）。深藍色的箭頭表示半人馬座的方向。

在太陽系的外面，沒有任何天體存在的宇宙空間漫無邊際地擴展著。

朝半人馬座的方向，以光的速度奔馳，行進4年多之後，總算來到離太陽系最近的恆星。那就是距離太陽4.22光年的「半人馬座比鄰星」（Proxima Centauri）。

這個隔壁的恆星，並非像我們的太陽一樣是單獨的恆星。在半人馬座比鄰星的旁邊，還有半人馬座α星A和α星B這兩顆恆星。它們與地球的距離都是4.37光年，兩者之間的距離只和太陽到土星的距離差不多。

事實上，半人馬座α星A和B，還有比鄰星，這三顆恆星是繞著一個共同的重心在公轉。這種恆星的組合稱為「聚星」（multiple stars），由兩顆恆星組成的聚星稱為「聯星」（binary stars），由三顆恆星組成的聚星稱為「三合星」（triple stars）。

全天空最明亮的天狼星（8.6光年）也是由天狼星A和天狼星B這兩顆恆星組成的聯星。根據最近的研究得知，在銀河系的1000億～數千億顆恆星當中，似乎有半數以上都組成了聚星。像我們的太陽這樣沒有伙伴的孤狼恆星，其實只占極少數。

使用地面的望遠鏡拍攝半人馬座比鄰星（中央的紅色恆星）。只能在北緯27度以南觀測到。背景是位於遠處的恆星，α星A和α星B在畫面的範圍之外，沒有拍攝進來。

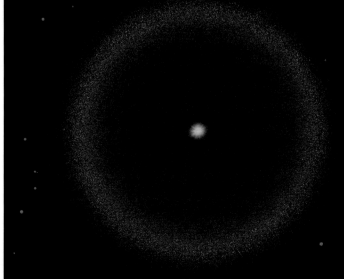

被歐特雲包覆著的太陽系

── 半人馬座比鄰星

離太陽最近的恆星是相距4.22光年的半人馬座比鄰星（本插圖中的小紅星）。在左下方的遠處，可以看到被歐特雲包覆著的太陽系。已知半人馬座比鄰星也擁有像地球一樣的行星。半人馬座比鄰星和半人馬座 α 星A及 α 星B（都是距離太陽系4.37光年）這兩顆更大的恆星組成三合星。

半人馬座 α 星A
（距離太陽4.37光年）

半人馬座 α 星B
（距離太陽4.37光年）

半人馬座比鄰星
（距離太陽4.22光年）

三合星的公轉軌道

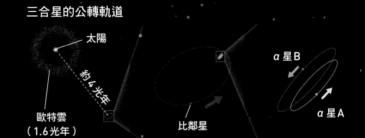

太陽

約4光年

歐特雲
（1.6光年）

比鄰星

α 星B

α 星A

在夜空閃耀的1等星，離我們有多遠呢？

右圖為太陽系周圍100光年以內的恆星分布圖。這些恆星大多是妝點夜空而為人所熟知的恆星，例如全天空最明亮的恆星天狼星（Sirius，大犬座α星，距離地球8.6光年）、因為七夕傳說而聞名的織女星（Vega，天琴座α星，織女一，距離地球25光年）和牛郎星（Altair，天鷹座α星，河鼓二，距離地球17光年）等等。

在夜空中閃耀的1等星總共有21顆。其中半數以上的11顆位於太陽系100光年內。

距離太陽系100光年以內的範圍中，總共有大約2500顆恆星。其中肉眼可見的6等以上恆星有500顆左右。聽到這些數字，或許會以為太陽系的周圍十分擁擠吧！

但事實上，我們已經知道，太陽系所在的這一帶，比起銀河系的中心部分，恆星的密度真是寬鬆得太多了。也就是說，我們是居住在銀河系裡面恆星比較稀少的荒涼區域。

距離太陽 100 光年以內的 1 等星

在大幅插圖中，標示出距離太陽100光年以內的所有1等星（目視的恆星亮度比1.5等更亮的恆星）。各天體的位置和距離根據『令和2年（2020年）理科年表』（但參宿四的距離採用最新的推定值640光年）。

藍色同心圓與銀河系的圓盤平面疊合，顯示各圓與太陽的距離。以太陽為中心，右邊為銀河系中心的方向。在垂直方向上把這個圓盤平面與各個恆星連接起來的藍線，為朝向北側（軒轅十四所在的一側，圖中為上側）或南側（北落師門所在的一側，圖中為下側），顯示各個恆星與圓盤平面的距離（在這幅插圖中，垂直方向的距離做了誇張的顯示，圖中距離為實際距離的2倍）。

在夜空特別璀璨明亮的恆星，例如天琴座織女一和天鷹座河鼓二這些夏季的1等星，還有小犬座南河三及大犬座天狼星這些冬季的1等星等等，大多距離太陽100光年以內。

順帶一提，在天文學上，通常會把一個星座當中的各個恆星按照星等依序編為α星、β星、γ星……。這是德國拜耳（Johann Bayer，1572～1625）於1603年提出的命名法。

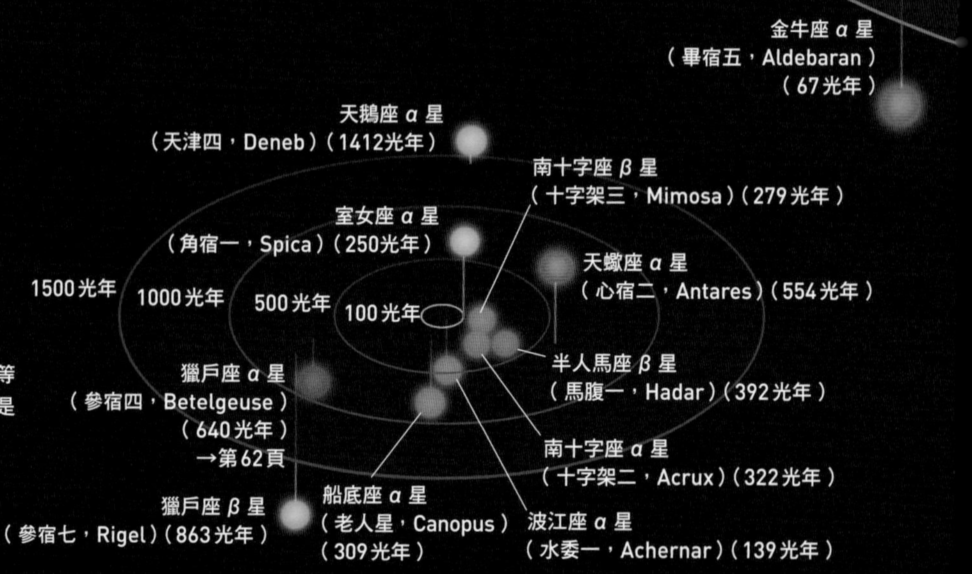

右圖所示為100光年以外的所有1等星的位置。其中的參宿七和天津四是離太陽比較遠的恆星。

金牛座 α 星
（畢宿五，Aldebaran）
（67光年）

天鵝座 α 星
（天津四，Deneb）（1412光年）

南十字座 β 星
（十字架三，Mimosa）（279光年）

室女座 α 星
（角宿一，Spica）（250光年）

天蠍座 α 星
（心宿二，Antares）（554光年）

1500光年　1000光年　500光年　100光年

半人馬座 β 星
（馬腹一，Hadar）（392光年）

獵戶座 α 星
（參宿四，Betelgeuse）
（640光年）
→第62頁

南十字座 α 星
（十字架二，Acrux）（322光年）

獵戶座 β 星
（參宿七，Rigel）（863光年）

船底座 α 星
（老人星，Canopus）
（309光年）

波江座 α 星
（水委一，Achernar）（139光年）

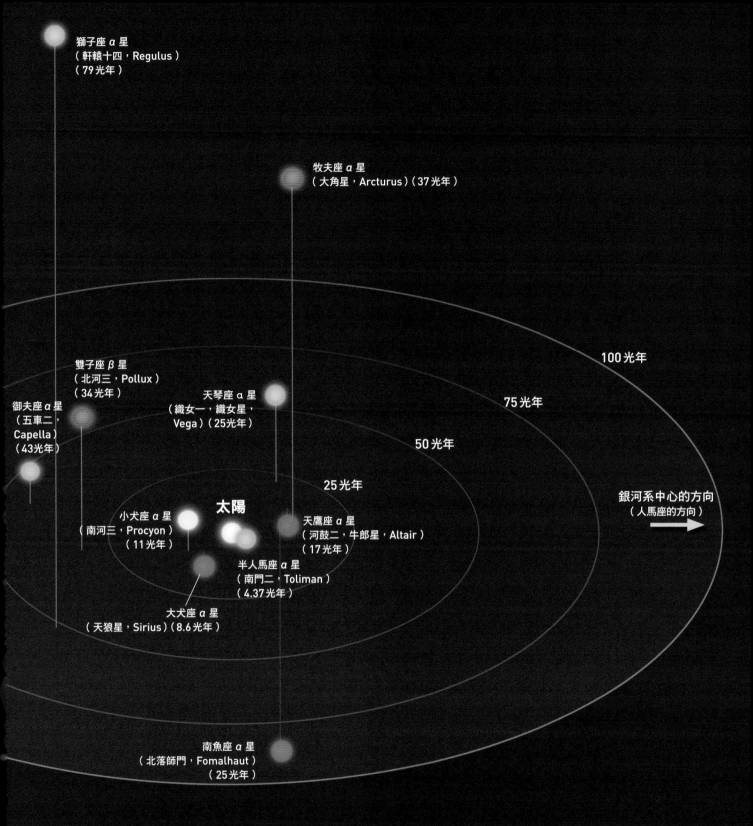

獅子座 α 星
（軒轅十四，Regulus）
（79光年）

牧夫座 α 星
（大角星，Arcturus）（37光年）

100光年

75光年

雙子座 β 星
（北河三，Pollux）
（34光年）

天琴座 α 星
（織女一，織女星，
Vega）（25光年）

50光年

御夫座 α 星
（五車二，
Capella）
（43光年）

25光年

太陽

銀河系中心的方向
（人馬座的方向）

小犬座 α 星
（南河三，Procyon）
（11光年）

天鷹座 α 星
（河鼓二，牛郎星，Altair）
（17光年）

半人馬座 α 星
（南門二，Toliman）
（4.37光年）

大犬座 α 星
（天狼星，Sirius）（8.6光年）

南魚座 α 星
（北落師門，Fomalhaut）
（25光年）

在本圖中，聚星是以1顆1等星來表示。

在距離太陽444光年遠處閃耀生輝的藍白色年輕恆星群

讓我們一口氣朝金牛座的方向飛到444光年遠的地方吧！在這裡，我們看到的天體是散發出藍白色璀璨光芒的恆星集團「昴宿星團」（Pleiades star cluster，昴星團，七姊妹星團）。

昴宿星團是由大約100顆恆星組成的集團。它的藍白色，意謂著這些恆星非常年輕。昴宿星團中的恆星的年齡都在6000萬歲到1億歲左右（在恆星的世界中，這個年齡算是非常年輕。例如我們的太陽就有46億歲）。

昴宿星團中的諸多恆星似乎都是由同一個母親生下來的兄弟姊妹。這種眾多恆星成群誕生的情形並不少見。像昴宿星團這樣，在同一個地方誕生的年輕恆星的集團，稱為「疏散星團」（open star cluster）。

還有，昴宿星團的編號為「M45」。M為法國天文學家梅西耶（Charles Messier，1730～1817）的姓氏Messier的字首。梅西耶是名彗星獵人，為了方便辨認彗星，編製了一份容易與彗星混淆的天體目錄。

這個目錄稱為「梅西耶目錄」（Messier Catalog），M45是其中列在的第45個天體。梅西耶為了充實目錄，後來也把昴宿星團這種顯然不會與彗星混淆的天體陸續加入目錄中。

昴宿星團

將「哈伯太空望遠鏡」發射到宇宙空間，一邊環繞地球旋轉，一邊觀測天體所拍攝到的昴宿星團（M45）。單憑肉眼觀看這個在冬季的夜空閃耀生輝的疏散星團，眼力好的人可以分辨出 5 顆到 7 顆左右的恆星。伽利略使用自己製造的折射式望遠鏡，看到了 36 顆恆星。

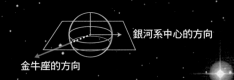

銀河系中心的方向

金牛座的方向

死期將近而發出臨終哀嚎的巨大紅色恆星

獵戶座是冬季的代表星座。在它的左上方發出燦爛光芒的紅色 1 等星為「參宿四」，距離太陽系大約640光年。

在夜空閃耀的恆星大多過於遙遠，無論使用性能多好的望遠鏡，都只能看到一個「點」。但還是有例外，那就是參宿四。哈伯太空望遠鏡拍攝到的參宿四圖像（右下方）並不只是一個點，而是具有一定面積的圓。

為什麼呢？原因之一固然是因為它距離太陽比較近，但主要是這顆恆星太巨大了。它的直徑是太陽的1000倍左右，換算成體積則達到10億倍。如果把參宿四放在太陽的位置，則它能把地球和火星完全吞噬，達到木星的軌道附近。

有些恆星在一生的最後階段會發生大爆炸，稱為「超新星爆炸」（supernova explosion）。參宿四目前或許正處於即將發生超新星爆炸的前夕。不過，所謂的「即將」，也許是100萬年後，或是 1 萬年後，也可能是明天，無從得知。

參宿四放出的光花了640年才抵達地球。也就是說，在地球上看到的參宿四是它在640年前的模樣。假設640年前參宿四發生了超新星爆炸，那麼，說不定我們明天就能看到參宿四大放光芒的模樣。

從2019年至2020年期間，參宿四暫時變暗，亮度減弱為接近 2 等星的程度。有人懷疑這是即將爆炸的徵兆，但一般研究者認為，它原本就是一個不規則變星，所以不能認為那是爆炸的徵兆。

紅光滿面的老年恆星──參宿四

恆星會隨著老化而逐漸膨脹，同時表面溫度也逐漸降低而轉為紅色，形成一個紅色的巨大恆星，稱為「紅巨星」（red giant star）。我們的太陽也會在大約50億年後大幅膨脹而成為紅巨星吧！

在紅巨星之中，特別巨大的恆星稱為「紅超巨星」（red supergiant star），參宿四就是一個代表性的例子。參宿四的質量為太陽的20倍左右。

右邊的大幅圖像是法國巴黎天文台解析紅外線而得到的參宿四的表面景象。明亮地方的溫度比周圍高。

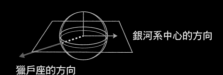

銀河系中心的方向

獵戶座的方向

↗ 這個點是依照和右邊的參宿四相同的比例尺所繪製的太陽。

哈伯太空望遠鏡於 1996 年拍攝的參宿四。

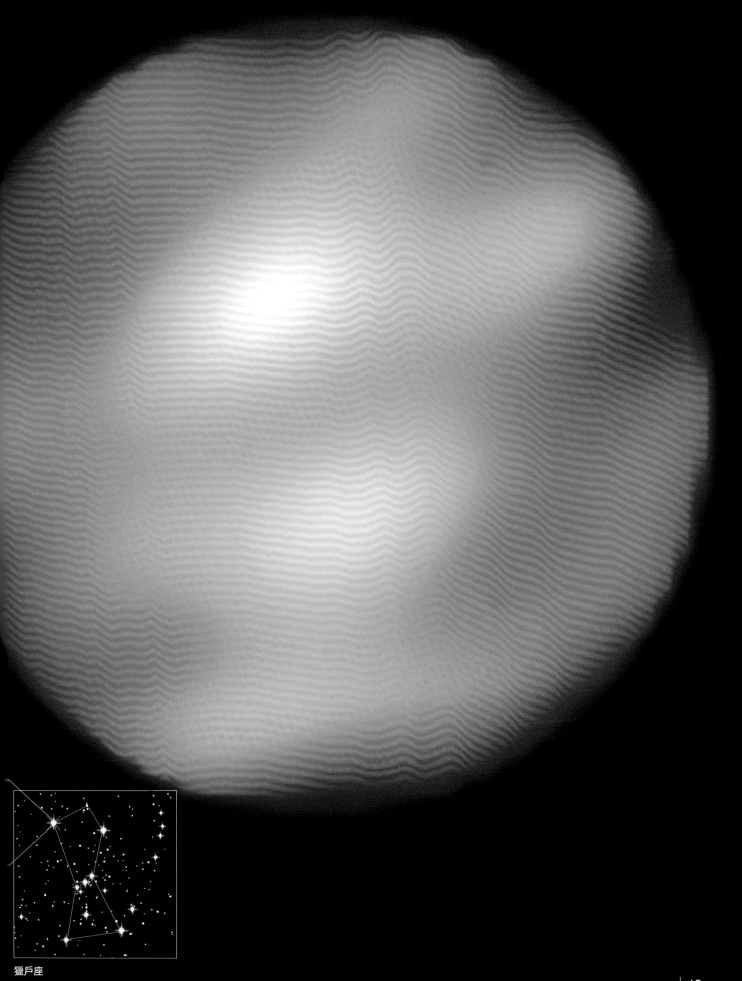

獵戶座

前往幾個具有代表性的星雲巡迴一圈吧！

我們繼續銀河系的旅行。接下來，進一步擴大範圍，前往更遙遠的地方吧！

右邊圖像所示為距離太陽5000光年以內的主要天體分布圖。擴展到這個範圍，就能夠看到捲成螺旋形的銀河系螺旋臂了，可以看到我們的太陽系所在的「獵戶臂」和隔壁的「人馬臂」等等。

沿著這些螺旋臂，分布著許多稱為「星雲」（nebula）的各式各樣天體。用望遠鏡觀察這些星雲，看起來朦朦朧朧，就像雲朵一般。

這種雲的本尊並非恆星本身。星雲的成分是飄浮在宇宙空間的氣體和宇宙塵，有些星雲因為擋住了其背後射來的光而呈現一片黑暗，有些星雲卻因為受到鄰近恆星的照射而散發出明亮的光輝。而這些星雲也正是恆星剛誕生或爆炸死亡瞬間或核心坍縮過程中所顯現的樣貌。

從下一頁開始，我們將一邊巡迴具有代表性的星雲，一邊觀察眾恆星的生存樣態。

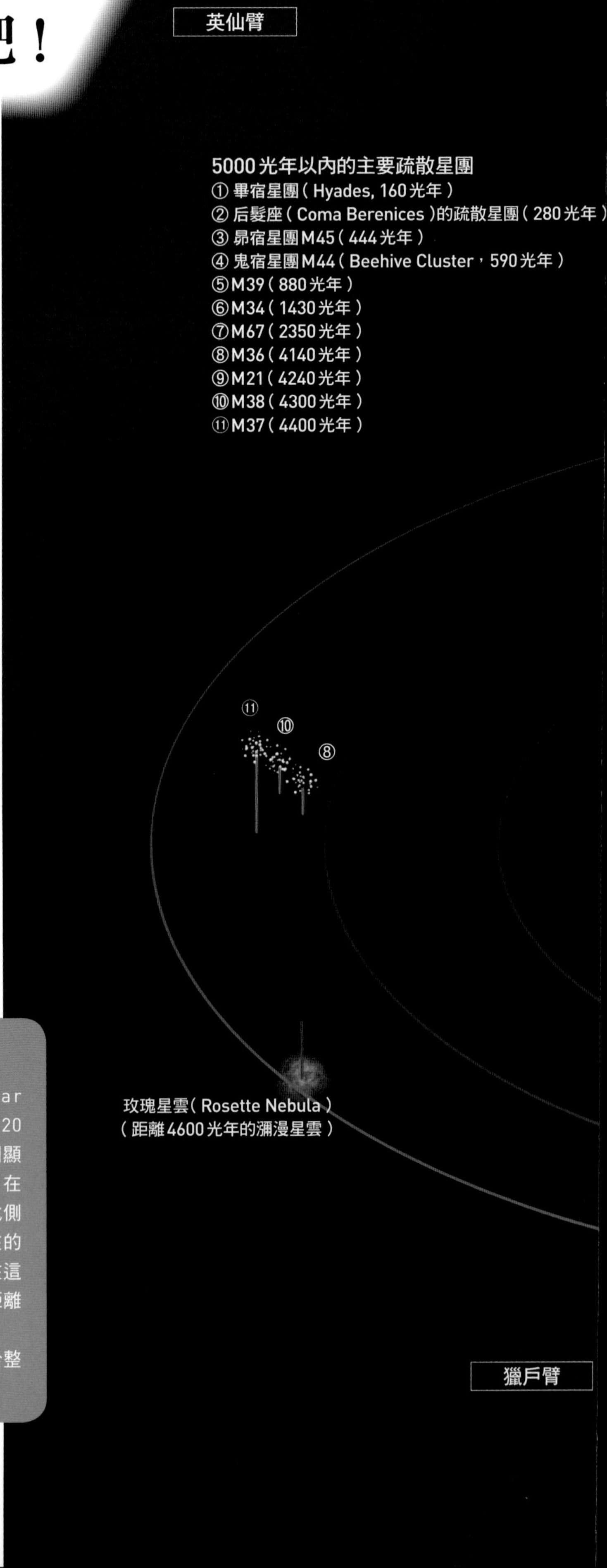

5000光年以內的主要疏散星團
① 畢宿星團（Hyades, 160光年）
② 后髮座（Coma Berenices）的疏散星團（280光年）
③ 昴宿星團M45（444光年）
④ 鬼宿星團M44（Beehive Cluster，590光年）
⑤ M39（880光年）
⑥ M34（1430光年）
⑦ M67（2350光年）
⑧ M36（4140光年）
⑨ M21（4240光年）
⑩ M38（4300光年）
⑪ M37（4400光年）

玫瑰星雲（Rosette Nebula）
（距離4600光年的瀰漫星雲）

5000光年以內的主要星雲和星團

本圖所示為距離太陽系5000光年以內的主要星雲與星團（star cluster）的位置。各個天體的位置及距離依據『令和 2 年（2020年）理科年表』等資料。與銀河系的圓盤平面疊合的藍色同心圓顯示與太陽系的距離。中心為太陽系，右邊為銀河系中心的方向。在垂直方向上把這個圓盤平面與各個天體連結起來的藍線為朝向北側（環狀星雲所在的一側，圖中為上側）或南側（獵戶座星雲所在的一側，圖中為下側），顯示各個天體與圓盤平面的距離有多遠（在這幅插圖中，垂直方向的距離做了誇張的顯示，圖中距離為實際距離的 2 倍）。由圖可知，許多星雲與星團乃沿著螺旋臂分布。

最外側的圓（半徑5000光年＝直徑約 1 萬光年）的面積相當於整個銀河系圓盤（直徑約10萬光年）的100分之 1。

獵戶臂

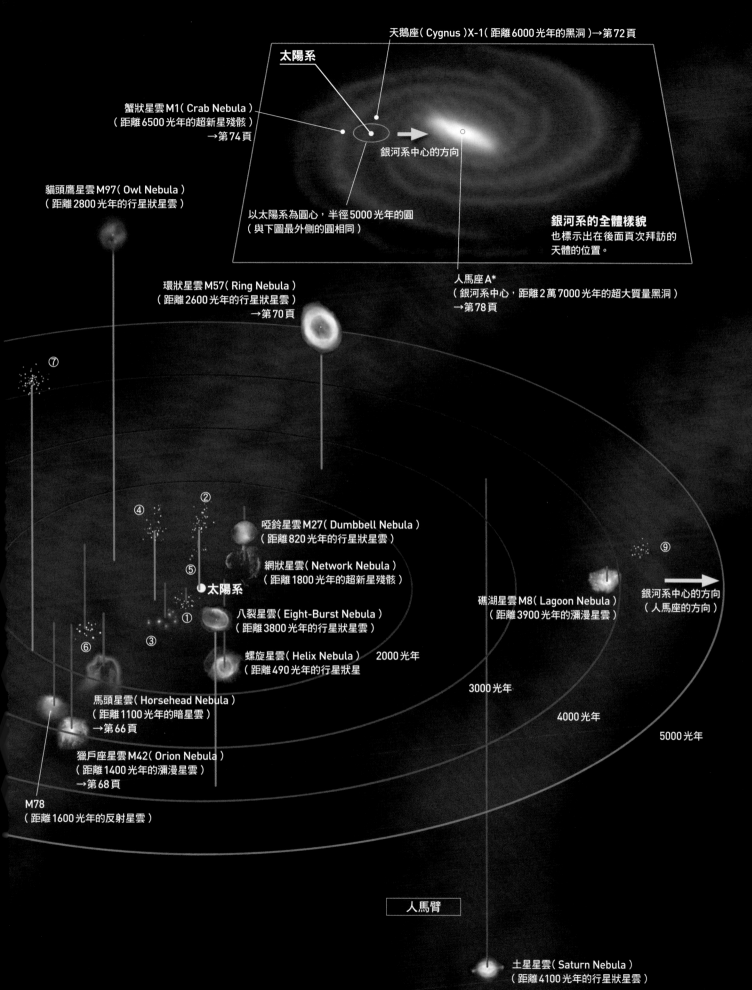

天鵝座（Cygnus）X-1（距離6000光年的黑洞）→第72頁

太陽系

蟹狀星雲M1（Crab Nebula）
（距離6500光年的超新星殘骸）
→第74頁

銀河系中心的方向

貓頭鷹星雲M97（Owl Nebula）
（距離2800光年的行星狀星雲）

以太陽系為圓心，半徑5000光年的圓
（與下圖最外側的圓相同）

銀河系的全體樣貌
也標示出在後面頁次拜訪的
天體的位置。

環狀星雲M57（Ring Nebula）
（距離2600光年的行星狀星雲）
→第70頁

人馬座A*
（銀河系中心，距離2萬7000光年的超大質量黑洞）
→第78頁

⑦

啞鈴星雲M27（Dumbbell Nebula）
（距離820光年的行星狀星雲）

④

②

網狀星雲（Network Nebula）
（距離1800光年的超新星殘骸）

⑨

⑤

太陽系

八裂星雲（Eight-Burst Nebula）
（距離3800光年的行星狀星雲）

礁湖星雲M8（Lagoon Nebula）
（距離3900光年的瀰漫星雲）

銀河系中心的方向
（人馬座的方向）

①

③

螺旋星雲（Helix Nebula）
（距離490光年的行星狀星

2000光年

⑥

3000光年

馬頭星雲（Horsehead Nebula）
（距離1100光年的暗星雲）
→第66頁

4000光年

獵戶座星雲M42（Orion Nebula）
（距離1400光年的瀰漫星雲）
→第68頁

5000光年

M78
（距離1600光年的反射星雲）

人馬臂

土星星雲（Saturn Nebula）
（距離4100光年的行星狀星雲）

呈現在眼前的漆黑煙柱是群星誕生的現場

我們來到了獵戶座方向上，距離太陽系1100光年遠的地方。聳立在我們眼前的，是一個黑漆漆的煙柱狀星雲。由於它的形狀很像一隻馬的頭部，所以稱為「馬頭星雲」（Horsehead Nebula）。

馬頭星雲的真面目，是飄浮在宇宙空間的宇宙塵和氣體濃密聚集而成的團塊。就像雲朵會擋住太陽光，飄浮在宇宙空間的濃密氣體和宇宙塵也會把背後的明亮區域擋住。因此，從地球看去，那個地方只見黑矇矇的一片。

這樣的天體，在天文學上稱為「暗星雲」（dark nebula）。馬頭星雲即是代表性的暗星雲之一，但事實上，它只是分布在獵戶座區域的巨大暗星雲裡頭的極小一部分而已。

暗星雲也正是新恆星誕生的場所。 在暗星雲的各個角落，有些地方的宇宙塵和氣體的密度變得越來越濃，於是促發了使恆星發出亮光的「核融合反應」，踏出恆星生涯的第一步。在馬頭星雲裡面，擁有為數眾多的宇宙塵和氣體的團塊，這些團塊宛如等待出生的恆星的胎兒。我們的太陽可能也是在大約46億年前從這樣的暗星雲中誕生。

馬頭星雲

座落於南美洲智利的甚大望遠鏡「VLT」（Very Large Telescope）拍攝的馬頭星雲，其位於獵戶座方向上的巨大暗星雲的一部分。在夏季，沿著銀河流動方向所看見的黑暗條紋狀天體，就是暗星雲。使用望遠鏡把位於獵戶座方向上的暗星雲放大，可以看到許多類似馬頭星雲的各種形狀的黑色柱狀構造。馬頭星雲是由美國天文學家弗萊明（Williamina Fleming，1857～1911）於1888年發現。

銀河系中心的方向

獵戶座的方向

其他主要暗星雲

鷹星雲（M16）的中心部分

巨蛇座方向　距離5500光年

三裂星雲（M20，黑色條紋的部分）

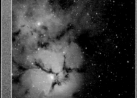

人馬座方向　距離9000光年

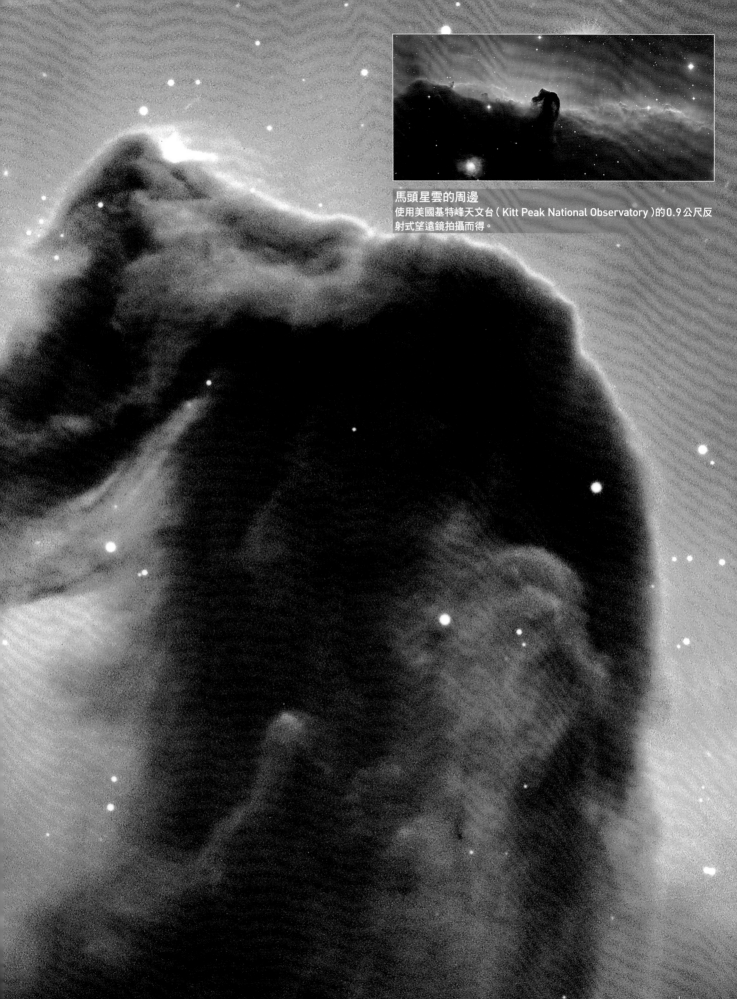

馬頭星雲的周邊
使用美國基特峰天文台（Kitt Peak National Observatory）的0.9公尺反射式望遠鏡拍攝而得。

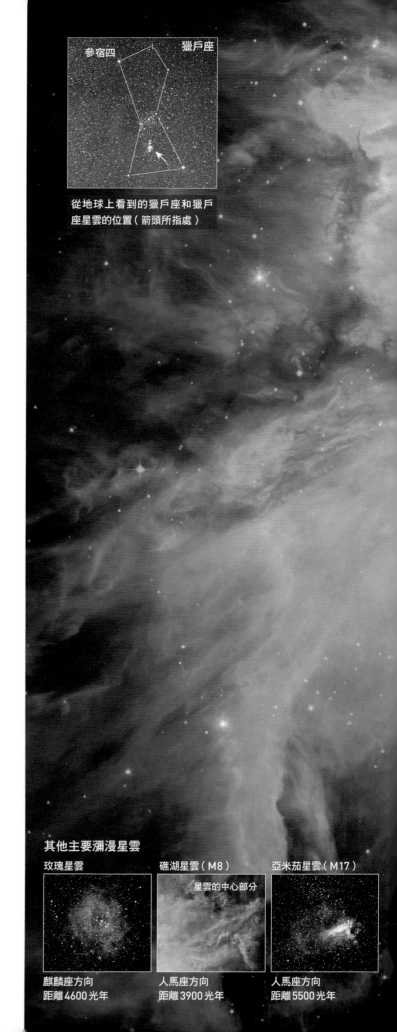

從地球上看到的獵戶座和獵戶座星雲的位置（箭頭所指處）

剛誕生的嬰兒恆星所創造的夢幻奇景

1400 光年
獵戶座星雲

獵戶座是冬季的代表星座。它下半部的中央附近有一個單憑肉眼看起來朦朦朧朧的明亮區域。如果使用天文望遠鏡觀察，就能看到彷彿華麗衣裳的璀璨景象。這就是距離太陽系1400光年的獵戶座星雲。

右圖所示為哈伯太空望遠鏡拍攝的獵戶座星雲。它的中央特別明亮。在這幅圖像中或許不太容易辨識，不過，在這個地方有 4 顆剛剛誕生的恆星。這 4 顆宛如四胞胎的嬰兒恆星（但也有好百萬歲了！）稱之為「獵戶座四邊形」（Trapezium of Orion）。

這 4 顆恆星好像嬰兒發出高亢的啼聲般，朝周圍的星雲放射出強烈的紫外線。星雲中的氫氣受到這紫外線的照射，接收了能量而導致原子核（質子）和電子分離（稱為電離）。當這些質子和電子重新結合時，會放出光芒。

飄浮在宇宙空間的氣體和宇宙塵，因為受到年輕恆星放出的紫外線照射而發光，或因直接反射恆星的光而發亮，這樣的天體在天文學上稱為「瀰漫星雲」（diffuse nebulae）。

瀰漫星雲的狀態並不會持續很久。依據恆星的數量及大小，在恆星誕生後數百萬年至數千萬年的時候，嬰兒恆星放出的紫外線和氣流就會把周圍的氣體和宇宙塵通通吹走，只剩年輕恆星殘留下來，成為昂宿星團（M45）這樣的疏散星團。

其他主要瀰漫星雲

玫瑰星雲	礁湖星雲（M8）	亞米茄星雲（M17）
	星雲的中心部分	
麒麟座方向 距離4600光年	人馬座方向 距離3900光年	人馬座方向 距離5500光年

獵戶座星雲

哈伯太空望遠鏡拍攝的獵戶座星雲。這裡是銀河系裡面誕生新恆星最旺盛的區域之一。看起來顯現淡淡顏色的東西，是未來將會成為新恆星原料的宇宙塵和氣體。顏色的差異在於該處所含的元素不同。

銀河系中心的方向

獵戶座的方向

戒指形狀的美麗天體。中心則是即將死亡的恆星核心。

在 天琴座的方向上，距離太陽系2600光年的地方，有一個彷彿飄浮在宇宙中的戒指的天體，它被稱為「環狀星雲」（Ring Nebula，戒指星雲、M57）。在日本文學家宮澤賢治撰寫的童話《土神與狐》中，則稱之為「魚口星雲」（Fish Mouth Nebula）。

　　這個直徑大約 1 光年的天體，是曾經光彩輝煌的恆星在即將結束生命而死去時，所呈現的代表性例子。

　　質量與太陽差不多的恆星，在即將結束生命時，會大幅膨脹而成為紅巨星。紅巨星反覆地膨脹收縮，氣體從它的表面緩緩地流向宇宙空間。一旦氣體全部流光，恆星的一生也就此終結，只有在中心部分殘留著宛如灰燼一般的「白矮星」（white dwarf star）。

　　分布在周圍的氣體受到這個白矮星放出的紫外線照射，顯現出五彩繽紛的光芒，成為環狀星雲。這樣的天體在天文學上稱為「行星狀星雲」※（planetary nebula）。我們這顆太陽目前46億歲，大概再過80億年，也會把它的生涯畫上休止符，成為一個行星狀星雲吧！

※：「行星狀星雲」的名稱源自使用望遠鏡觀看這種天體時，會看到好像行星一樣具有面積的影像。但這種天體和行星完全不同。

環狀星雲與白矮星

哈伯太空望遠鏡拍攝的環狀星雲。分布在周圍的氣體因為其中所含的元素不同而放出不同顏色的光。

　　中央有一顆白矮星。這顆恆星已經結束一生了，但仍藉由餘熱而發出白色光芒。大小只和地球差不多，但質量達到半個太陽，所以密度相當高，相當於一個方糖的體積卻具有好幾百公斤的質量。

　　在即將死亡時會形成行星狀星雲的恆星，是質量約太陽0.5至 8 倍的恆星。行星狀星雲會依據原本的恆星（紅巨星）反覆膨脹收縮的週期、自轉速度等條件而變化成各種形狀。

天琴座的方向
銀河系中心的方向

其他主要行星狀星雲

土星星雲	貓眼星雲	蝴蝶星雲（NGC 6302）
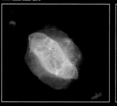	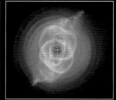	
寶瓶座方向 距離4100光年	天龍座方向 距離3000光年	天蠍座方向 距離3800光年

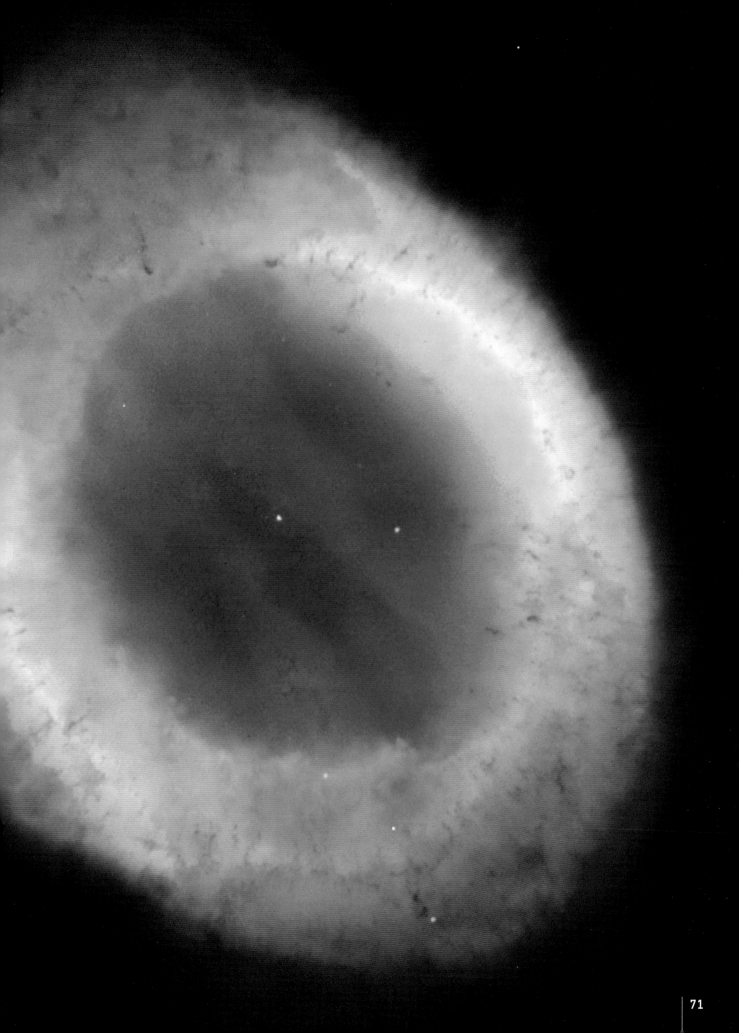

人類第一次
發現的黑洞

距離太陽系6000[※]光年的地方,有一個編號「天鵝座X-1」的天體。人類在這裡第一次藉由觀測而發現了充滿謎團的「黑洞」(blackhole)。

黑洞是一種籠罩著團團謎雲的天體,具有極端強大的重力,會把周圍的任何物質都吞噬進去。一旦掉到黑洞裡面的話,即使是光也逃不出來。

德國的天文物理學家史瓦西(Karl Schwarzschild,1873~1916)在1916年率先提出:「根據愛因斯坦的廣義相對論,黑洞在理論上能夠存在。」

雖然在理論上能夠存在,但眼見為實終究是人之常情。事實上,許多科學家都懷疑黑洞的存在。即使愛因斯坦本人,一開始也不相信。

但是,在1962年,發現了放出強烈X射線的天體,那就是天鵝座X-1。「這裡有一個巨大的藍色恆星,它表面的氣體被鄰近的黑洞吞進去。」只要依據這樣的想法,即可圓滿說明產生X射線的原因。就這樣,終於藉由觀測證明了黑洞的存在,使得大眾接受了這項事實。

※:2021年2月《科學》(*Science*)月刊報導:澳洲科廷大學(Curtin University)教授米勒瓊斯(James Miller-Jones)等人的研究團隊最新計算出天鵝座X-1的質量比以前估算的重50%,為太陽的21倍,與地球的距離也比以前想像的要遠20%,距地球7200光年。

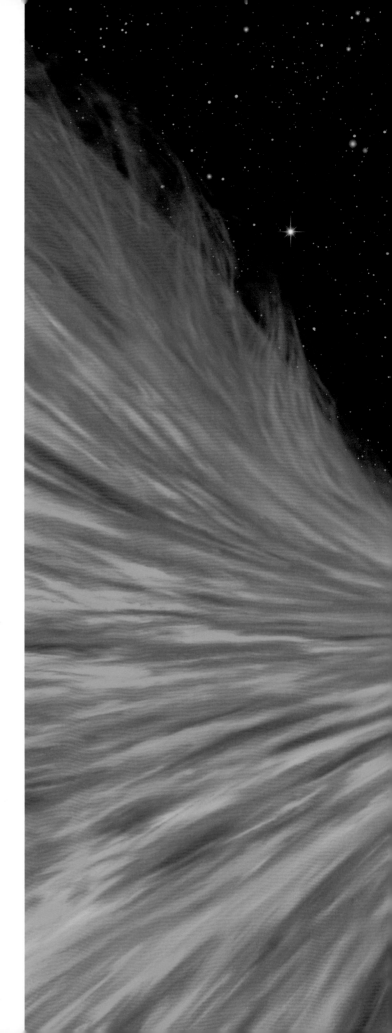

天鵝座的方向

銀河系中
心的方向

天鵝座 X-1 的黑洞

藍超巨星（Blue supergiant star，插圖左側的巨大藍色恆星）的氣體被組
成聯星的黑洞（插圖右上方）吸入的場景。氣體宛如流進流水孔的水一般，
一邊繞著黑洞滴溜滴溜地打轉，一邊被吸進去。這個時候氣體所形成的圓盤
稱為「吸積盤」（accretion disk）。氣體因摩擦而升高溫度，放出X射線。

　　黑洞並不是一下子就把氣體完全吞進去。沒有吃進去的剩餘氣體有一部分
從吸積盤的中心附近朝宇宙空間噴射出去。這稱為「噴流」（jet）。

約7500年前，有顆巨大恆星發生了大爆炸

在這裡，我們看到了一個美麗的天體，宛如發射到宇宙空間的壯觀煙火。那就是在金牛座的方向上，距離太陽系6500光年的「蟹狀星雲」（Crab Nebula）。愛爾蘭天文學家帕森思（William Parsons，1800～1867）觀測到這個星雲之後繪製了一幅圖像，因為這幅圖像看似一隻張牙舞爪的螃蟹，所以稱之為蟹狀星雲。這個星雲在梅西爾目錄中排在第一個，編號「M1」。

蟹狀星雲是「超新星殘骸」（supernova remnant）這種天體的代表性例子。 質量為太陽的8倍以上的恆星，在結束生命時，會發生把整個恆星外層吹散的大爆炸，稱為「超新星爆炸」（supernova explosion）。構成恆星的各種元素猛烈的拋撒到宇宙空間。這些元素或者受到中心殘存的天體中子星（neutron star）照射，或者與飄浮在宇宙空間的氣體及宇宙塵碰撞，因而發出明亮的光芒。

依中國《宋史・天文志》中記載的「天關客星」和日本文學大師藤原定家（1162～1241）在《明月記》中記錄，於1054年突然出現的亮星，就是蟹狀星雲發生超新星爆炸的光，在旅行了6500光年的距離後抵達地球的瞬間。這個超新星爆炸是發生在距離地球6500光年的蟹狀星雲的位置，所以實際上是發生在距今大約7500年前。

因為超新星爆炸而被拋撒出來的元素，飄浮在宇宙空間。 然後，會由於某些原因而再度聚集形成暗星雲，成為新恆星及新行星的原料。正在閱讀這篇文章的你，人體其實也是由好幾十億年前發生的超新星爆炸而拋撒出來的「恆星的碎片」所組成。

蟹狀星雲和中子星的圓盤

本頁圖像由NASA的錢卓拉X射線天文衛星（Chandra X-ray Observatory）拍攝的X射線圖像、哈伯太空望遠鏡拍攝的可見光圖像、史匹哲太空望遠鏡（Spitzer Space Telescope）拍攝的紅外線圖像合成而得。因為超新星爆炸而被吹飛的恆星殘骸（綠色及橙色）擴散到大約6光年的範圍。中心殘留著一顆中子星（中子聚集構成的高密度天體。中子是和質子一起構成原子核的粒子），由於它的高速旋轉而形成了圓盤構造（下方圖像）。圓盤朝兩極方向噴出物質的流束（噴流）。這樣的圓盤和噴流都會放出X射線。

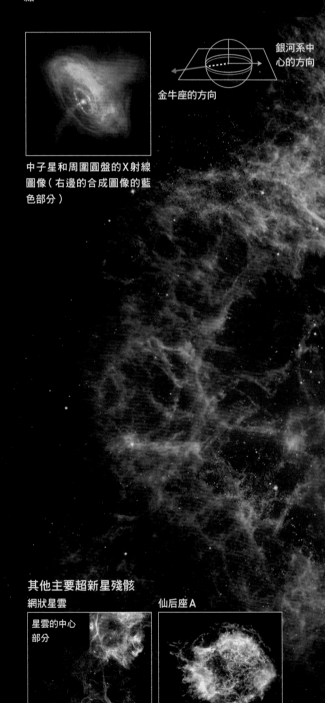

中子星和周圍圓盤的X射線圖像（右邊的合成圖像的藍色部分）

銀河系中心的方向

金牛座的方向

其他主要超新星殘骸

網狀星雲

星雲的中心部分

天鵝座方向
距離1800光年

仙后座A

仙后座方向
距離1萬1000光年

克卜勒超新星殘骸

蛇夫座方向
距離2萬光年

75

高密度聚集的恆星集團

數量驚人的恆星擠成一團，真是讓人眼花撩亂啊！圖像中的每一個亮點，都是一顆顆和太陽一樣的恆星。

這是南天半人馬座的方向上，距離太陽系1萬7000光年的「亞米茄星團」（Omega Cluster）。如此密集的恆星集團，如果單憑肉眼觀看，看起來就像是一顆恆星，所以曾經把它命名為「半人馬座ω」（Omega Centauri，庫樓增一）。

像亞米茄星團這樣，由幾萬顆至幾百萬顆恆星聚集成球狀的天體，稱為「球狀星團」（globular cluster）。我們已知球狀星團是由比較年老的恆星所組成，換句話說，就是恆星的高齡化社會。目前已經發現銀河系中有大約160個球狀星團，其中最明亮的就是這個亞米茄星團。

在北半球能夠觀測到的球狀星團，以位於武仙座（Hercules）的「M13」最為有名。1974年，座落於波多黎各的阿雷西博電波望遠鏡（Arecibo Radio Telescope）朝這個距離太陽系大約2萬5000光年的M13發射了電波訊息。我們相當期待，或許在跟隨高齡恆星的行星上，會出現高度演化的智慧生物也說不定。不過，想要得到回音，應該還要等上好一陣子吧！這個訊息發出去，必須花2萬5000年才會抵達目的地，就算收到回訊，至少也是5萬年後的事情。

譯註：2020年8月，57歲的阿雷西博電波望遠鏡輔助纜線斷裂，打中下方的碟型天線，造成觀測活動中斷。11月初一條主纜線位移鬆脫，讓整個支撐接收平台的結構出現巨大危機，美國國家科學基金會正式宣布阿雷西博退役。12月1日，支撐平台的剩餘纜線全部斷裂，整個接收平台墜入下方的碟型天線。

數百萬顆恆星擠在一起的亞米茄星團

本圖所示為哈伯太空望遠鏡拍攝的亞米茄星團中心部分。亞米茄星團的直徑大約200光年，在這個範圍內擠滿了數百萬顆恆星。恆星與恆星之間的距離非常接近，在星團中心部分只有相距0.1光年左右而已，相當於我們太陽系與最近恆星距離（4.22光年）的40分之1。

銀河系中的球狀星團分布十分散亂，與銀河系圓盤沒有關係（下方插圖）。相對地，銀河系中的恆星則大多沿著銀河系圓盤分布。

銀河系中心的方向
半人馬座的方向

銀河系中球狀星團的分布

球狀星團

在本圖範圍之外也有球狀星團存在。

潛藏於銀河系中心的超大質量黑洞

持續朝著人馬座的方向前進,漸漸地看到了位於銀河系中央,由眾多恆星聚集而成的「核球」。繼續往這個絢爛奪目的核球內部鑽進去,終於抵達了名為「人馬座A*」(Sagittarius A*)的天體。

這個天體位於銀河系中心,距離地球 2 萬 7000光年。

這個位於銀河系中心的黑洞,真是太巨大了!據估計,它的質量高達太陽的400萬倍左右。

最近觀測到,這個超大質量黑洞的周圍有眾多恆星由於黑洞的強大重力而飛舞的景象。分析這些恆星的運動狀況之後,更加確定,唯有假設這個地方有個超大質量黑洞,才能夠圓滿地解釋這個景象。未來進行更深入的研究後,必定能夠進一步闡明這個超大質量黑洞。

以銀河系中心為目標的 PART 2 的旅行,終於抵達最終目的地了。且讓我們暫時休息一下,然後朝向宇宙的盡頭出發,進行一趟更盛大的旅行吧!

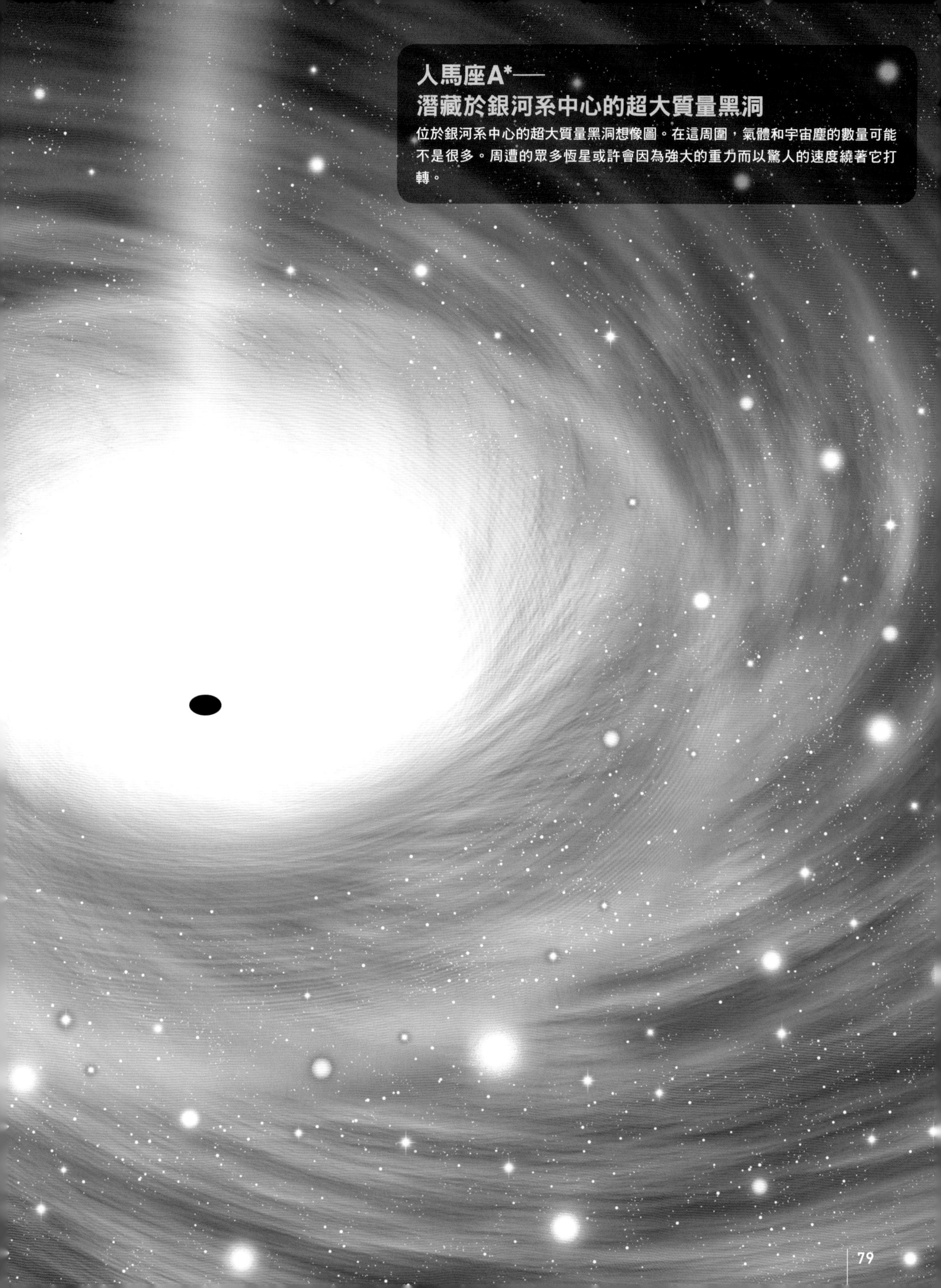

人馬座A*——
潛藏於銀河系中心的超大質量黑洞

位於銀河系中心的超大質量黑洞想像圖。在這周圍，氣體和宇宙塵的數量可能不是很多。周遭的眾多恆星或許會因為強大的重力而以驚人的速度繞著它打轉。

發現了第二顆從太陽系外面飛來的天體

繼斥候星之後出現的「來自太陽系外面的使者」所帶來的新謎題

2019年8月底發現的鮑里索夫彗星（Comet Borisov）已經證實為觀測史上第2顆「恆星際天體」（從太陽系外面飛來的天體）。這項發現距2017年發現觀測史上第1顆恆星際天體斥候星（Oumuamua）僅僅2年，帶給研究者們極大的震撼。

協助　**渡部潤一**
　　　日本國立天文台教授

時值2019年8月30日，烏克蘭的業餘天文學家鮑里索夫（Gennady Borisov）在天貓座的方向上發現了一顆亮度為17.8等的新彗星。這個以發現者的名字命名為「鮑里索夫彗星」的天體，帶給全世界的研究者帶來了極大的震撼。因為後來明白了這顆彗星是觀測史上第二顆被發現來自太陽系外面遙遠之處的「恆星際天體」。

軌道不符合常識的彗星

之所以認為鮑里索夫彗星來自太陽系外面，原因在於它的軌道形狀。

在太陽周圍繞轉的天體，它的軌道不外乎圓形、橢圓形、拋物線、雙曲線的其中一種形狀。天文學上使用「離心率（e）」這個值做為表示軌道形狀的指標。圓軌道為 e＝0；橢圓形軌道為 0＜e＜1；拋物線形軌道為 e＝1；雙曲線形軌道為 e＞1。以橢圓形軌道來說，e 越接近 1，形狀越扁平。e 等於或大於 1 的天體，一度接近太陽附近之後就會遠離而去，永遠不再回頭。

太陽系行星的軌道全部都是接近圓形的橢圓形。彗星則絕大多數是 e＝0.8以上，例如以大約76年的週期接近太陽的哈雷彗星（Halley's Comet），它的軌道是 e＝0.967。其中，也有 e 非常接近 1 而公轉週期長達數萬年的「長週期彗星」（long period comet），以及 e 超過 1 的「非週期彗星」（aperiodic comet）。長週期彗星可能來自一個比海王星的軌道還要遠300倍以上，擁有許多由冰組成的小

第二顆被發現的恆星際天體 鮑里索夫彗星

在發現後第10天的 9 月 9 日，位於夏威夷的北雙子望遠鏡（Gemini North）拍攝的鮑里索夫彗星（中央的白色圓形天體）。可以看到宇宙塵組成的彗尾，很像太陽系的彗星。

史上第一個被發現的恆星際天體 斥候星

2017年發現的恆星際天體斥候星的想像圖。發現之初以為它是岩石質天體，但根據後來的觀測，認為它有表現出釋放氣體等類似彗星的行為。

天體分布成球殼狀的區域，稱為「歐特雲」。非週期彗星可能原本是太陽系的長週期彗星，由於受到行星的引力等的影響，變成離心率大於1的彗星。過去發現的非週期彗星，離心率最大的值是e＝1.057。

但是，鮑里索夫彗星的軌道的離心率卻遠遠超過了當今的常識。在發現後的13天之內，全世界進行了145項追蹤觀測。依據觀測的結果計算軌道的離心率，得到e＝3.079，也就是說，它的軌道是一個非常大的雙曲線軌道。這麼大的離心率，無法利用太陽系內行星引力的影響來圓滿說明，所以斷定鮑里索夫彗星是一顆從太陽系外面以極大速度衝入太陽系的恆星際天體。

在發現斥候星的2年後就發現鮑里索夫彗星是出於偶然嗎？

這次發現這種恆星際天體並不是頭一遭。2017年10月，發現了觀測史上第一顆恆星際天體「斥候星」，曾經造成很大的轟動。斥候星的離心率e＝1.199，在2020年1月越過當時的土星軌道，逐漸飛出太陽系外面。

這次再度發現恆星際天體，距離上次發現斥候星才過了2年的時間，這個事實讓天文學家們感到非常困惑。因為根據以往的研究，推定發現恆星際天體的頻率，數百年才會有一次的機會。

鑽研彗星天文學的日本國立天文台渡部潤一教授說：「在這麼短暫的間隔內接連發現恆星際天體，恐怕是全世界的人都料想不到的事情。」這次發現鮑里索夫彗星，最出乎預料的就在於此。

近年來，為了即早發現有可能

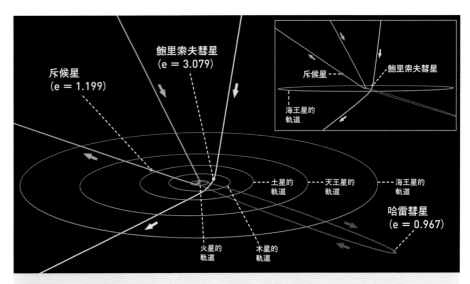

鮑里索夫彗星的軌道

大圖表示從斜上方觀看太陽系時，鮑里索夫彗星被發現時（8月30日）的位置及軌道（黃色）。中心的橙點為太陽，同時也繪出斥候星（綠色）和哈雷彗星（紫色）的軌道，以及火星到海王星等行星的軌道。右上方的小圖表示從正側面觀看太陽系時的情形。由圖可知，鮑里索夫彗星是幾近一直線地接近太陽，然後稍微彎曲軌道而離開太陽。

會撞上地球的小天體，全球各地進行了許多項全天觀測計畫，也因此每年都發現了為數眾多的彗星及小行星。因此，很難想像過去會有漏掉偵測飛過來的恆星際天體的可能性。

但是，反過來說，假設沒有漏掉的話，怎麼會這麼湊巧，在2010年代後半期先後有2個恆星際天體在偶然之間飛進太陽系，而我們也這麼湊巧地，剛好碰上了這麼偶然的事情。渡部教授說道：「或許，我們真的忽略了某種重要的事物。今後，闡明這個謎題也將會成為一個重大的研究課題吧！」

「太陽系外彗星」的貴重樣本

鮑里索夫彗星和太陽系的彗星一樣，擁有由氣體和宇宙塵構成的朦朦朧朧的頭部（彗核）和尾巴（彗尾）。此外，利用紅外線觀測的結果，也得知它具有與富含冰及有機物的太陽系的小行星

十分相似的特徵。這些證據顯示，鮑里索夫彗星所出生的恆星系，也經歷了與太陽系相同的過程，而形成了行星系及歐特雲。斥候星被發現的時候，已經位於遠離太陽而去的軌道上，不太能進行詳細的觀測。但是，鮑里索夫彗星是在火星軌道的外側被發現，12月初最接近太陽。因此，這是我們第一次能有幾個月的時間好好地觀測恆星際天體。「我們已經對鮑里索夫彗星做了詳細的觀測，未來的分析結果或許可以幫助我們了解彗星的組成、經歷過什麼樣的溫度變化等等。」（渡部教授）

（撰文：中野太郎）

銀河系近旁的眾星系

在 PART 3 終於離開了銀河系，來到廣闊無邊的大宇宙。在銀河系外面，究竟有著什麼樣的天體呢？

當你有機會前往澳洲或巴西等南半球地區時，請務必仰頭欣賞一下夜空的景色。在較無光害處，或許你光憑肉眼就能看到兩個好像雲朵一般的天體，它們就是「大麥哲倫雲」（Large Magellanic Cloud）和「小麥哲倫雲」（Small Magellanic Cloud）。雖然稱為「雲」，但其實它們都是不折不扣的星系。

大麥哲倫雲距離地球大約16萬光年，從地球看去的大小（視直徑）相當於20個滿月並排在一起的寬度。

在北半球，空氣澄淨的秋季夜空，可以看到「仙女座星系」（Andromeda Galaxy）。仙女座星系是位於銀河系外面的巨大星系，離地球約250萬光年，是能以肉眼觀察的最遠天體。

在我們居住的銀河系周邊，半徑大約300萬光年的範圍內，散布著50個以上的星系。這些星系統稱之為「本星系群」（Local Group of Galaxies）。

在PART 3，將先走訪一趟本星系群的眾星系。然後，飛出本星系群，進入浩瀚的宇宙遨遊一番，持續航向宇宙的盡頭。

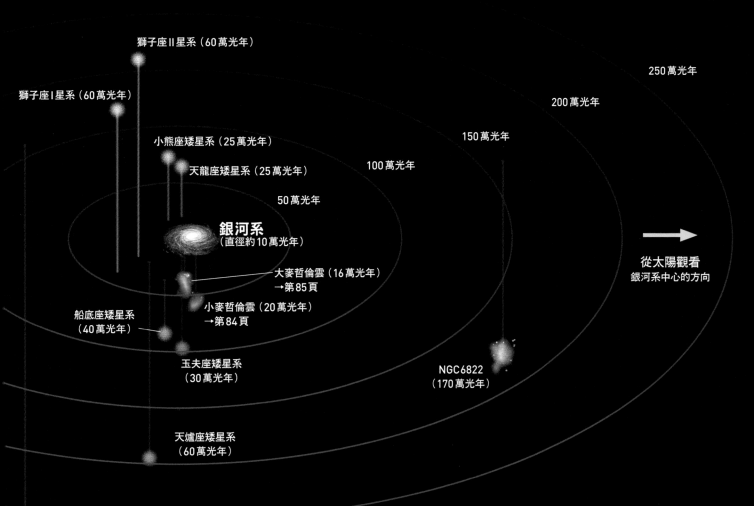

獅子座II星系（60萬光年）

獅子座I星系（60萬光年）

小熊座矮星系（25萬光年）

天龍座矮星系（25萬光年）

250萬光年

200萬光年

150萬光年

100萬光年

50萬光年

銀河系
（直徑約10萬光年）

大麥哲倫雲（16萬光年）
→第85頁

小麥哲倫雲（20萬光年）
→第84頁

船底座矮星系
（40萬光年）

玉夫座矮星系
（30萬光年）

NGC6822
（170萬光年）

天爐座矮星系
（60萬光年）

從太陽觀看
銀河系中心的方向

銀河系的家族成員——本星系群

本圖所示為銀河系周遭半徑約300萬光年範圍內的主要星系。這些星系統稱為「本星系群」。各個星系的位置和距離乃依據『令和 2 年（2020年）理科年表』等資料。表示與太陽系的距離的藍色同心圓乃沿著銀河系圓盤平面。中心為太陽，右邊為銀河系中心的方向，在垂直方向上連接這個圓盤平面和各個天體的藍線，朝向北側（獅子座 I 星系所在的一側。圖中為上側），或朝向南側（天爐座所在的一側。圖中為下側），表示各個天體位於距離圓盤平面多遠的位置（在本圖中，把垂直方向的距離誇大表現為實際的1.6倍）。

　本星系群裡頭的眾多星系當中，最大的星系為距離地球250萬光年的「仙女座星系」，它的直徑為銀河系的2倍左右。銀河系和仙女座星系的旁邊有許多小型星系。

IC1613（220萬光年）

銀河系的小鄰居——
大麥哲倫雲與小麥哲倫雲

穿出銀河系的圓盤後，往南方看去，可看到兩個宛如雲朵一般的恆星集團。它們就是前頁所介紹的距離太陽系16萬光年的「大麥哲倫雲」和距離太陽系20萬光年的「小麥哲倫雲」。

16世紀時，率領船隊繞行地球一圈的葡萄牙冒險家麥哲倫（Ferdinand Magellan，1480～1521）在航海日記中記載「發現了像雲朵一般的天體」，因而依此命名。

大麥哲倫雲和小麥哲倫雲都是位於銀河系外面的星系，直徑都只有銀河系的10分之 1 左右，而且都沒有螺旋模樣。

古代的天文學家曾經以為銀河系就是宇宙的全部，因此誤以為大麥哲倫雲和小麥哲倫雲都是位於銀河系裡面的星雲。到了1912年，美國天文學家勒維特（Henrietta Swan Leavitt，1868～1921）專注地研究小麥哲倫雲裡頭的一種奇妙的恆星。

這種恆星是一種「脈動變星」（pulsating variable star），會以數日至數十日的週期，有如脈搏一樣地反覆變明又變暗。

勒維特的研究成果闡明了「變光週期」和「脈動變星的實際亮度」之間的關係。依據這個關係，只要觀測從地球上看到某顆脈動變星時的亮度，即可推算出該脈動變星與地球的距離。這個「宇宙的量尺」的重大發現促成了人類的宇宙觀全然改變。

銀河系中心的方向

杜鵑座的方向

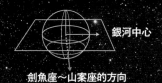

銀河中心

劍魚座～山案座的方向

大麥哲倫雲（上）與小麥哲倫雲（左）

地面望遠鏡拍攝的大麥哲倫雲（上圖）與小麥哲倫雲（左圖）。兩者都是不具有圓盤結構等既定形狀的小型星系，被分類為「矮不規則星系」（dwarf irregular galaxy）。大麥哲倫雲裡頭可看到朦朧的棒狀恆星集團，其右下方的明亮粉紅色星雲是稱為「蜘蛛星雲」（Tarantula Nebula）的巨大瀰漫星雲。

緊鄰銀河系隔壁的巨大美麗螺旋星系

我們來到了距離太陽系250萬光年的地方，這裡有一個美麗的星系，那就是「仙女座星系」（M31）。

仙女座星系的直徑是我們銀河系的2倍左右。它的中心部分有 2 個巨大的黑洞，而且這 2 個黑洞可能在互相繞轉（組成聯星系）。

古代誤以為這個天體是銀河系裡面的星雲，所以曾經把它稱為「仙女座星雲」。後來，美國天文學家哈伯（Edwin Powell Hubble，1889～1953）發現事實並非如此，其實它是銀河系「外面」的另一個星系。哈伯的這項發現，使得人類的宇宙觀有了巨幅的轉變。

哈伯在美國加州的威爾遜山天文台（Mount Wilson Observatory）使用當時世界最大的100英吋望遠鏡（口徑2.5公尺）觀測「仙女座星雲」，在其中發現了好幾個像脈搏一樣反覆變明又變暗的「脈動變星」。

哈伯立刻利用勒維特的方法測量它們的距離，結果發現了「仙女座星雲並非只是一個星雲，它其實是銀河系外面的另一個星系」。這是1924年的事情。

就這樣，人類終於明白，我們的銀河系並不是宇宙的全部，宇宙的範圍擴展到銀河系的外面。從此，宇宙觀全然改變了。

仙女座星系

地面望遠鏡拍攝的仙女座星系（M31）。位於仙女座方向上，直徑大約 22 萬～ 26 萬光年，是我們銀河系的 2 倍左右。從仙女座星系回頭眺望銀河系，應該也會看到一個美麗的大螺旋，就像從地球上看到的仙女座星系一樣吧！

銀河系是具有棒狀中心部分（核球）的棒旋星系，但是仙女座星系的中心部分並沒有發現明顯的棒狀結構。

在仙女座星系的右上方可以看到一個矮橢圓星系 NGC 205（M110），在仙女座星系的中央稍偏下方則可看到另一個星系 M32。

銀河系中心的方向

仙女座的方向

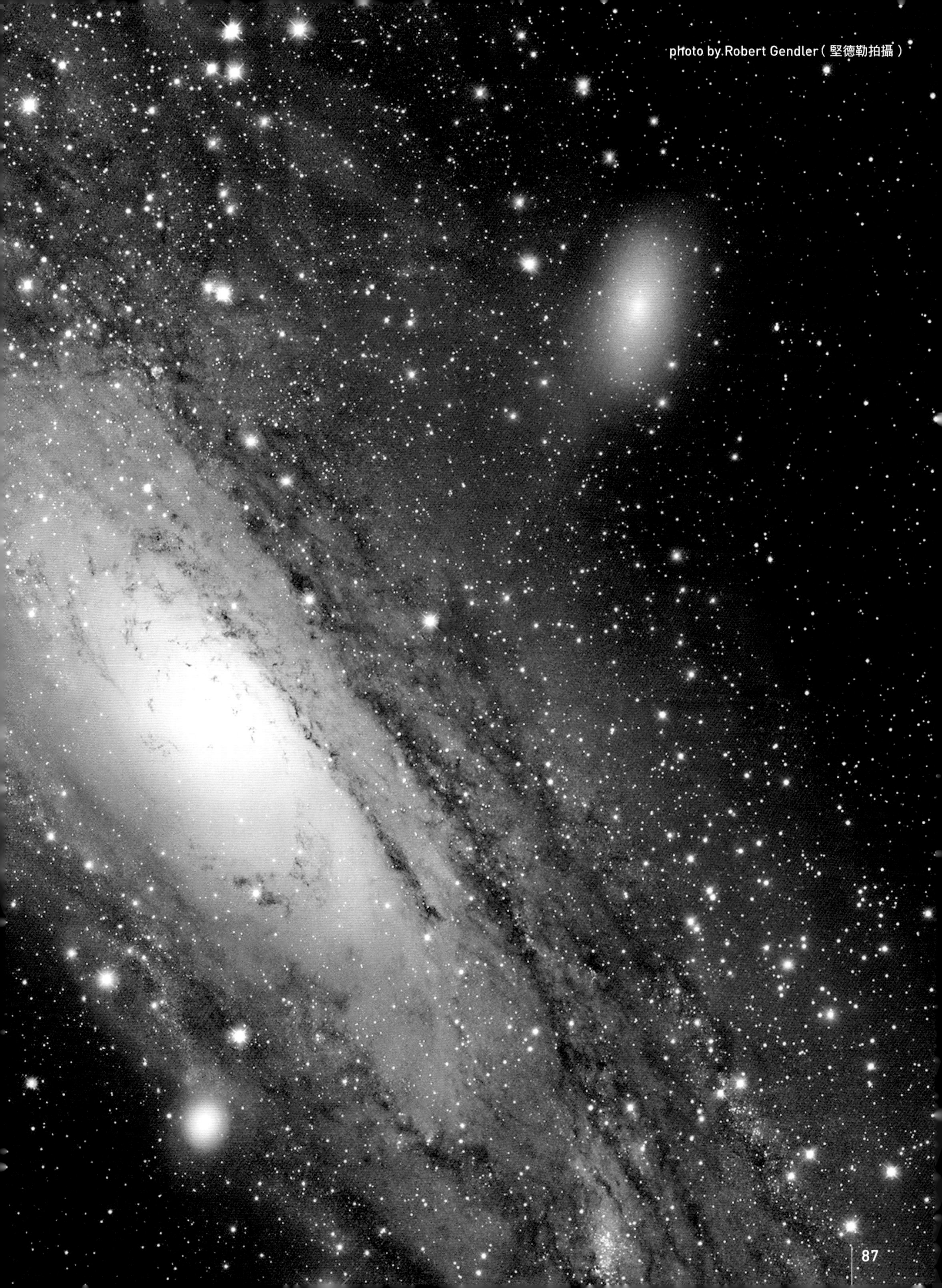
photo by Robert Gendler（堅德勒拍攝）

星系的
各種形態

哈伯繪製的「星系的系統樹」
——什麼是「哈伯序列」？

哈伯於1926年提出了以下這種星系分類的方案（學界稱之為哈伯序列，Hubble sequence）：接近球形的「橢圓星系」（elliptical galaxy）、圓盤伸展出螺旋臂的「螺旋星系」（spiral galaxy）、形狀不規則的「不規則星系」（irregular galaxy）。

形狀介於橢圓星系和螺旋星系中間的星系稱為「透鏡星系」（lenticular galaxy）。此外，在

哈伯分類法（哈伯序列）

本圖所示為哈伯制定的星系分類法。

符號 E 表示橢圓星系，分為從幾近球形的 E0 到最扁平的 E7。符號 S 表示螺旋星系，SB 表示棒旋星系。螺旋星系和棒旋星系依據螺旋臂的捲曲型態又可再細分。捲曲最緊密的型態為 a，稍微鬆開的型態為 b，最鬆弛的型態為 c。S0 為形狀介於橢圓星系和螺旋星系（棒旋星系）中間的透鏡星系。

哈伯認為，星系的演化是從本圖的左邊至右邊，亦即從 E0 經由 S0 到 Sc（或 SBc）。不過，現在已經否定了這個想法。

我們無法從外頭觀看自己所處的銀河系，所以並不容易得知銀河的形狀。根據最近的研究，銀河系應該歸類於棒旋星系的 SBa 或 SBb。

在這裡，以圖像顯示各種型態類別的星系的例子。不過，必須注意的是，不同研究者可能會有不同的分類方案。

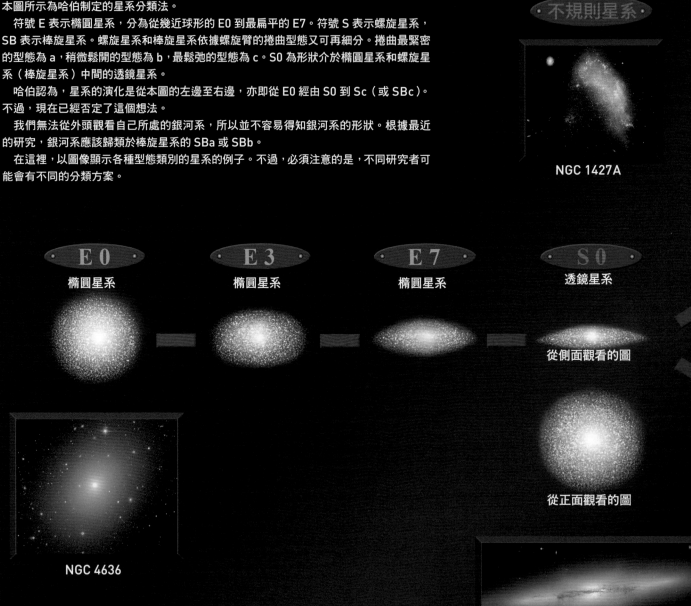

· 不規則星系 ·

NGC 1427A

· E 0 ·
橢圓星系

· E 3 ·
橢圓星系

· E 7 ·
橢圓星系

· S 0 ·
透鏡星系

從側面觀看的圖

NGC 4636

從正面觀看的圖

NGC 4710

螺旋星系當中，有些星系的中央區（核球）形成棒狀，特別稱之為「棒旋星系」（barred spiral galaxy）。最近，有些天文學家主張我們的銀河系應該也是一個棒旋星系。

生物學家會把各種生物做分類，再藉由追溯相似共通的特徵，探究生命演化的歷史與機制。哈伯也是這樣。**他把各種星系依照形狀做分類，注意它們的共同點和相異點，企圖藉此闡明星系漸趨多樣化的機制。**

哈伯提出這個分類法之後，又提出一項假說：「隨著時間的過去，橢圓星系會不會演化成螺旋星系（或棒旋星系）呢？」如今已經明白，星系的演化並沒有依照這個假說在進行。但是，哈伯分類法現在仍然受到全球天文學家的採納運用。

關於星系的演化，至今仍有許多不明未解之處。我們的銀河系為什麼會演化成為螺旋狀，至今人類依舊無法正確得知它的原因所在。

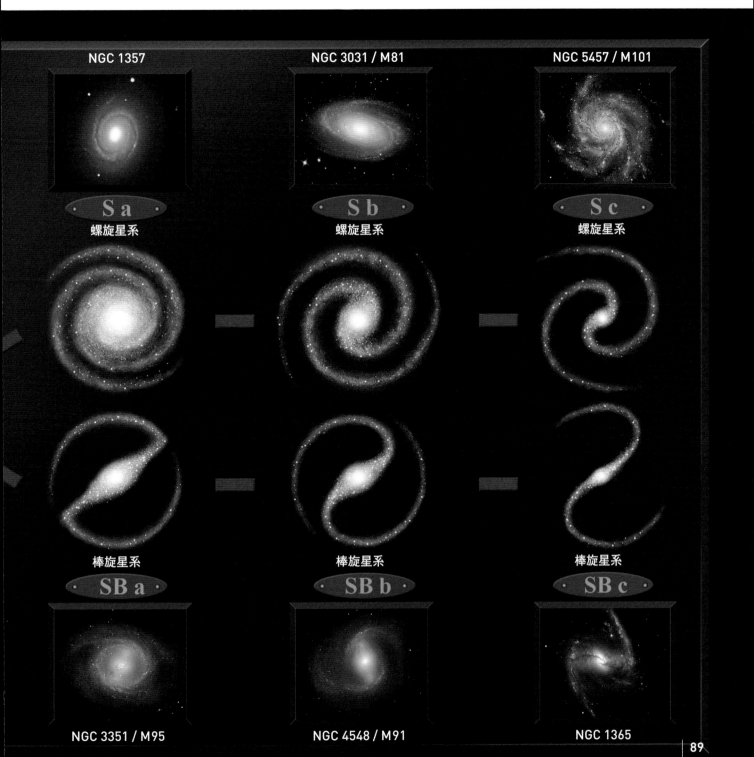

NGC 1357　　　　NGC 3031 / M81　　　　NGC 5457 / M101

Sa
螺旋星系

Sb
螺旋星系

Sc
螺旋星系

棒旋星系　　　　　棒旋星系　　　　　棒旋星系
SBa　　　　　　SBb　　　　　　SBc

NGC 3351 / M95　　　　NGC 4548 / M91　　　　NGC 1365

數百到數千個星系組成的群體——星系團

把天文望遠鏡舉向室女座的方向,可以看到那裡有無數的星系密集在一起,那就是「室女座星系團」(Virgo cluster)。在它的中心,有一個距離地球5400萬光年的巨大橢圓星系M87(又稱為室女A星系,右頁有詳細的介紹)。

室女座星系團便是以這個M87為中心,聚集了多達1000到2000個星系,可以說真是一個星系的寶庫。如果使用望遠鏡觀看這些星系,可以發現其中包含了「橢圓星系」、「螺旋星系」、「不規則星系」等等,各種型態的星系應有盡有。

星系的集團之中,規模較小的集團稱為「星系群」,規模較大的集團稱為「星系團」。室女座星系團擁有的星系數量,比起銀河系所屬的本星系群,可說是天壤之別。比起跟大都市一樣擁擠不堪的室女座星系團,只擁有50多個星系的本星系群簡直就像人煙稀少的窮鄉僻壤吧!

室女座的方向
銀河系中心的方向

M84

M86

M87

室女座星系團

地面望遠鏡拍攝的室女座星系團裡面的部分區域。位於室女座星系團中央的巨大橢圓星系M87是最大的星系(右頁有詳細介紹)。在這幅圖像中,拍攝到許多看似雲朵的星系。順便一提,小小的點狀光源有許多其實是位於遠比室女座星系團更靠近地球這邊的銀河系內的恆星。

位於星系團中心的巨大橢圓星系

我們現在來到了位於室女座星系團中心的大型星系「M87」。在M87裡頭，並沒有看到像仙女座星系那樣的螺旋狀星系臂。M87是一個球形的「橢圓星系」，直徑大約12萬光年。銀河系的直徑大約10萬光年，比M87稍微小一點，但銀河系是扁平的圓盤形，而M87則是立體的球形，所以M87的體積遠比銀河系大得多。

在橢圓星系當中，像M87這樣的龐然大物，稱為「巨大橢圓星系」。大多數星系團的中心都有這樣的巨大橢圓星系。就像都市裡總是會出現百貨公司，星系團裡也總是會出現巨大橢圓星系。

M87可能會把周圍的小型星系逐一吞噬進來，藉此不斷地變胖。在它的中心，有一個質量為太陽65億倍的超大質量黑洞（supermassive black hole）。銀河系中心的黑洞質量只有太陽的400萬倍，與此相比，就可以明白M87的超大質量黑洞有多麼巨大。

室女座的方向

銀河系中心的方向

巨大橢圓星系 M87

哈伯太空望遠鏡拍攝的M87。在這幅圖像中，拍攝到位於M87中央附近的黑洞所噴出的噴流。這是企圖吞噬周圍天體的黑洞把未能一口氣完全吞進去的物質噴出來的景象。2019年4月，台灣中央研究院天文及天文物理研究所（ASIAA）、日本國立天文台等全球13個國家共同參與的計畫「事件視界望遠鏡」（Event Horizon Telescope，EHT）直接拍攝到位於M87中心的超大質量黑洞。

圖像中處處可見的點狀天體，大多是球狀星團。目前已知，在M87的周圍，其實有1000個以上的球狀星團包圍著。

以數萬光年的規模噴出的氫氣風

在大熊座的方向上,距離太陽系1200萬光年的地方,有一個閃耀生輝的星系。那就是在梅西耶目錄中排在第82個的天體,也就是「M82」。

從無數個星系當中,特地挑出M82來拜訪,自然有其原因。這是因為,和其他一般的星系比較起來,**M82的亮度達到它們的100倍左右**。究竟為什麼它會這麼明亮呢?

在M82的旁邊,有一個大型的螺旋星系「M81」,別名「波德星系」(Bode's Galaxy)。這兩個星系都是德國天文學家波德(Johann Elert Bode,1747～1826)於1774年發現的天體。根據最近的研究得知,M81和M82在數億年前曾經接近到幾乎撞在一起。

當時由於M81的強大引力發揮作用的結果,使得M82的氣體和宇宙塵受到壓縮,導致爆炸性地誕生新恆星。M82之所以如此明亮,可能就是因為這個爆炸性的恆星生成,稱為「星爆」(starburst)。

而且,M82還會噴出極為壯觀的氫氣風,稱為「星系超級風」(galactic superwind,即右頁圖中的紅色氣流)。以噴抵數萬光年遠的大規模尺度,從雪茄星系的中央朝宇宙空間吹出氫氣風!

宇宙中的星系包括銀河系在內,有9成都是「溫和的星系」。但是,剩下的1成是「活躍星系」。所謂的活躍星系,是指活潑地孕育恆星的星系,或特別明亮的星系。M82可以說是活躍星系的代表性例子。

星暴星系 M82

配備特殊濾鏡的哈伯太空望遠鏡拍攝的M82。在圖像中，可以看到從圓盤中心附近朝兩極方向噴出的紅色火焰般的結構。紅色的中心是因高溫而電離的氫氣。這種強勁的氫氣風稱為「星系超級風」，透露出M82正在發生爆炸性的恆星形成。

大熊座的方向

銀河系中心的方向

M82（左）和M81（右，波德星系）

星系藉由碰撞而返老還童

現在，我們來到了烏鴉座的方向，距離地球6800萬光年的「觸鬚星系」（Antena Galaxy）。右邊的圖像是哈伯太空望遠鏡拍攝的這個星系的形貌。

這個觸鬚星系正是星系碰撞現場的代表性例子。位於中央的兩個團塊伸出兩條弧形臂，宛如昆蟲的觸鬚一般，因此稱為觸鬚星系（下方圖像）。兩個星系藉由引力互相吸引，最後撞在一起，結果造成了這樣的形貌。

不過在各個星系裡面，恆星之間的間隔仍然十分寬裕，所以雖然星系是撞在一起了，但絕大多數恆星並不會直接相撞。

星系發生碰撞的話，會使氣體和宇宙塵受到壓縮而變得濃密。在這樣的地方，會不斷地誕生新的恆星。也就是說，碰撞會使得星系返老還童。

在宇宙中，這樣的星系碰撞屢見不鮮。我們的銀河系和仙女座星系正以每秒109公里的狂飆速度互相接近，或許總有一天會撞在一起。不過請各位放心，這件事要等到數十億年後才會發生。

1. 兩個星系進入碰撞的過程。

2. 星系中心互相吸引而靠近，但星系臂並沒有停住行進的腳步。

3. 伸出 2 條宛如昆蟲觸鬚一般的長臂。

星系碰撞的模式圖與地面望遠鏡拍攝的觸鬚星系全貌圖像。右邊大圖為哈伯太空望遠鏡拍攝的觸鬚星系中心附近的圖像

觸鬚星系

哈伯太空望遠鏡拍攝的觸鬚星系中心部分。藍白色光點是由於
兩個星系碰撞而爆炸性地誕生的新恆星。紅色是氫氣受到年輕
恆星的紫外線照射而放出的光。黑色線條是暗星雲，其中聚集
著濃密的氣體和宇宙塵，成為孕育新恆星的原料。

烏鴉座的方向

銀河系中心
的方向

無數個星系編織而成的宇宙中最大規模結構

截至目前，我們已經看過了許多星系。在這個宇宙中，究竟有多少個星系呢？

在眼力所及（用望遠鏡能觀測的極限）的宇宙中，估計散布著大約1000億個星系。這些星系一群一群地分別聚集在一起，成為我們在前面所看到的「星系群」或「星系團」，而星系團又進一步分別聚集組成「超星系團」（Supercluster）。如果我們以更大的尺度來觀察，便可以看到這些星系團和超星系團又進一步串連起來，編織成巨大的網狀結構。

這個結構的樣貌和海綿的小泡聚集在一起的樣貌十分相似。在相當於小泡的隔間壁部分，是由許多星系連結而構成。而相當於小泡內部的區域，則是直徑數億光年的空洞，裡頭幾乎沒有任何星系存在。這種看不到任何星系的空間，在天文學上稱為「空洞」（void）。

這個由無數星系連結所構成的泡狀結構，正是人類所知宇宙中最大尺度的結構。 在天文學上，稱之為「宇宙大尺度結構」（Large-Scale Structure of Universe）。美國哈佛大學的天文學家修茲勞（John Peter Huchra，1948～2010）在詳細調查遠方星系的分布時，於1986年首度觀測到這個結構。

這個宏大尺度的結構，究竟是依據什麼樣的機制而形成的呢？這個問題的答案與這個宇宙一步一步走來的歷史有著密切關係。所謂的宇宙歷史，就是這個宇宙所經歷的時間長度。關於這一點，將在本書後段（宙之篇）中做詳細的探討。

巨洞
（直徑數億光年的空洞）

星系造就的泡狀結構

本圖所示為宇宙的大尺度結構。插圖中各個星系的大小做了誇大的顯示。

星系團與超星系團

能夠觀測到的宇宙盡頭。望遠鏡絕對看不到比這更遠之處

我們的旅行，最後來到了從地球上所能觀測到的宇宙盡頭。這裡就是這次旅行的終點站。

根據研究，這個宇宙誕生於距今大約138億年前。這個時期的宇宙中可能空無一物，不要說恆星，就連一粒宇宙塵也沒有。

這個時候放出的光，在宇宙空間旅行了138億年，才抵達我們居住的這個地球。雖然說是「光」，但並不是人類肉眼能夠看見的光，而是只能使用天線偵測到的「電波」。從獵戶座的方向也好、從雙子座的方向也好，從任何方向都有相同波長（頻率）的電波抵達地球。

這個電波並非從某個恆星或某個星系等特定的天體傳來，而是以整個宇宙為背景廣泛遍布各處。**因此，在天文學上，把這個電波稱為「宇宙背景輻射」**（cosmic background radiation）。而這個宇宙背景輻射的來源是138億年前的宇宙，也正是我們所能觀測到的「遙遠宇宙」的界限。

在這個時期的宇宙中，「帶電粒子」（稱為電漿）四處飛竄，阻礙了光的運動，使得光無法筆直行進，變成霧茫茫一片朦朧，所以絕對無法看到更遠的地方。 🪐

上圖所示為人造衛星普朗克號（Planck）觀測到的宇宙背景輻射。如左圖所示，宇宙背景輻射從整個天空傳到我們的地球（紅點）上。把它展開成一個橢圓來呈現，就是上方的圖像。顏色的差異對應於溫度的些微不勻。

地球的位置

什麼是宇宙背景輻射？

本圖所示為「宇宙背景輻射」的想像圖。宇宙背景輻射是從能夠觀測到的宇宙的界限傳來的電波。插圖中只描繪出從特定區域傳來的宇宙背景輻射，但實際上，宇宙背景輻射是從整個天空的任何方向傳來。

距今大約138億年前剛誕生的宇宙，充滿了絕對溫度3000億度左右的灼熱電漿。對應於這個溫度的光，在宇宙空間行進了138億年後，抵達我們的地球，就成為宇宙背景輻射。

不過，由於整體宇宙是在膨脹之中，所以在宇宙中行進而傳來的光的波長被拉長了。結果，我們在地球上所觀測到的是波長較長的電波（相當於絕對溫度 3 度＝攝氏負270℃的電磁波）。

超大質量黑洞的周圍也有「行星」存在嗎？

在星系的中心或許有多達 1 萬個類似行星的天體存在。

有人提出一項獨特的理論，主張在星系中心的超大質量黑洞周圍有大量「行星」誕生。如果這項理論屬實，這將會是超脫以往關於行星形成常識的「行星」。究竟，這種新型態的「行星」真的存在嗎？假設真的存在，我們能觀測得到它們嗎？

協助 | **和田桂一**
日本鹿兒島大學大學院理工學研究科教授

2019年諾貝爾物理學獎有 3 位得獎人，其中 2 位是因為1995年人類史上首次發現系外行星（繞著太陽以外恆星公轉的行星）的功績而得獎。從這次發現開始，後來陸陸續續發現了4000顆以上的系外行星。

行星從氣體和宇宙塵中誕生

恆星將要誕生的時候，首先會在恆星的周圍形成由氣體和宇宙塵所聚集而成的「原行星盤」（protoplanetary disk）。原行星盤裡面的宇宙塵由小岩石和冰組成，大小只有0.1微米（1 微米為1000分之 1 毫米）的程度。這樣的宇宙塵互相吸引集結，逐漸成長為直徑數公里的「微行星」（planetesimal）。這些微行星進一步藉由引力互相吸引，不斷地發生碰撞及合併，最後形成行星。

在原行星盤裡面，離恆星越遠則溫度越低，到了某個境界線的外側，水會以冰的形態存在。這個境界線稱為「雪線」（snow line）。在雪線的外側，岩石質宇宙塵是以摻雜著冰的狀態存在（右頁插圖左上方）。

摻雜著冰的宇宙塵很容易集結在一起，於是不斷地合併，成長為滿布空隙的蓬鬆微塵粒子，稱為「蓬鬆宇宙塵」（fluffy dust）。有人提出了行星是經過蓬鬆宇宙塵的階段而形成的主張，這樣的機制稱為「蓬鬆宇宙塵理論」。

黑洞的周圍也有天體誕生！

其實，在宇宙中還有其他許多地方也擁有大量的氣體和宇宙塵。位於星系中心的超大質量黑洞就是其中之一。科學家認為，在所有星系的中心，都有質量高達太陽數百萬～數十億倍的超大質量黑洞存在。在這些超大質量黑洞之中，有些黑洞會活躍地吸

超大質量黑洞的想像圖
中心有超大質量黑洞。從黑洞朝上下兩個方向吹出的氣流稱為「噴流」。外側的黑色霧霾即為「宇宙塵環」。宇宙塵環和原行星盤一樣，都是由氣體和宇宙塵組成。在這個宇宙塵環之中，可能有「行星」在形成。

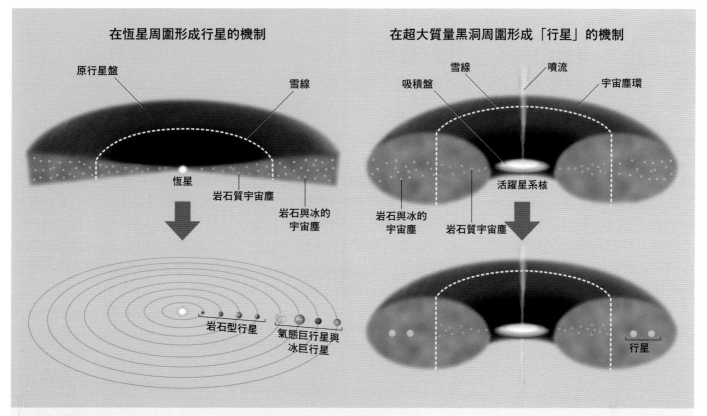

在恆星周圍形成行星的機制

原行星盤
雪線
恆星
岩石質宇宙塵
岩石與冰的宇宙塵
岩石型行星
氣態巨行星與冰巨行星

在超大質量黑洞周圍形成「行星」的機制

雪線
噴流
吸積盤
宇宙塵環
活躍星系核
岩石與冰的宇宙塵
岩石質宇宙塵
行星

和原行星盤會孕育行星一樣，宇宙塵環也會孕育「行星」

上方左圖所示為在恆星周圍形成行星的機制。在原行星盤裡面，冰能夠以固體形態存在的距離界線稱為「雪線」。在雪線的內側有岩石質宇宙塵存在，外側有摻雜著冰的岩石質宇宙塵存在。在雪線的內側會形成岩石型行星，外側會形成氣態巨行星或冰巨行星。

右圖所示為這次提出在活躍星系核形成「行星」機制的新模型。被黑洞吸入的物質會形成「吸積盤」，它的稍靠外側有由氣體和宇宙塵組成的「宇宙塵環」，裡面的宇宙塵會逐漸成長。在雪線的外側，宇宙塵是以摻雜著冰的狀態存在，所以很容易集結在一起，最後成長為「行星」。宇

宙塵環的氣體密度非常稀薄，只有原行星盤氣體密度的10億分之 1 左右，所以這裡的「行星」不會有氣態巨行星形成。還有，在雪線的內側，宇宙塵成長的時間太長，可能不容易形成「行星」。

入周圍的物質而放出強烈的電波等，特別稱之為「活躍星系核」（active galactic nucleus）。這種型態的黑洞，其周圍的氣體和宇宙塵會集結成為甜甜圈狀的環，稱為「宇宙塵環」（dust torus）。

日本鹿兒島大學和田桂一教授說：「活躍星系核的宇宙塵環的半徑是原行星盤半徑的好幾萬倍，但都是由氣體和宇宙塵組成。因此，我們認為『宇宙塵環可能也是和蓬鬆宇宙塵理論一樣，會誕生行星之類的天體（以下稱行星）』。」

和田教授等人依據這個假設，進行了詳細的理論計算。根據結

果得知在標準活躍星系核的宇宙塵環裡頭，距離黑洞10光年左右的地方，會誕生大約 1 萬顆以岩石和冰為主要成分的「行星」。這些「行星」要花上幾億年的時間才能形成，每顆「行星」的質量都多達地球的10倍。

與以往行星截然不同的嶄新天體

不過，想要藉由觀測來發現這樣的「行星」並不容易。和田教授說：「超大質量黑洞距離地球非常遙遠，想要發現在它周圍公轉的天體，以現在的技術來說是不可能的。」

這次研究中的「行星」，是和

以往行星完全不同的嶄新天體。「我們正在商量，是否不要稱它為『planet』（行星），而是稱它為『blanet』，這字的意思是黑洞（black hole）的行星（planet）。」（和田教授）

和田教授表示，他相當期待，這次的研究能夠促進關於宇宙塵環中的天體形成的研究，等待技術更加精進之後，有朝一日能夠發現這類天體。　　　　🪐

（撰文：中野太郎）

「最古老」的星系

發現了在大霹靂的 3 億年後誕生的星系

協助　**馬渡 健**
日本東京大學宇宙線研究所
觀測宇宙論團隊特任研究員

宇宙在距今大約138億年前誕生。有些科學家專注於探索在這段悠久的歲月中最早誕生的星系。日本東京大學宇宙線研究所馬渡健特任研究員說：「這次，我們有可能發現了宇宙中最古老的星系。」

在宇宙中，觀看越遙遠的地方等同於觀看越古老的過去。例如，位於100光年遠處（以光速行進100年的距離）的恆星，我們現在看到的是它100年前的樣貌。也就是說，如果能夠捕捉到從更遠處的天體傳來的光，就能夠看到更古老的樣貌。

目前為止所發現的星系之中，最遠的星系位於距離地球大約133億光年的地方（133億年前的星系）。馬渡特任研究員是發現這個星系的國際共同研究團隊的一員。但是，由於觀測機器的性能有所限制，想要發現比這更遠的星系（更老的星系），著實不容易。

**觀測到的星系想像圖
（128億年前的樣貌）**
隨著時間的經過，放出藍色光芒的大質量恆星陸續死亡，只剩下放出紅色光芒的小質量恆星的「古老」星系。

這次，馬渡特任研究員進行了一項嶄新的研究，把傳統的觀測和新的「推定」組合起來，以便探索在更古老時代誕生的星系。

星系的形成有許多種機制，其中之一是「星爆」（以猛烈之勢誕生恆星）。構成星系的恆星之中，質量較大的恆星會放出強烈的藍色光芒，質量較小的恆星會放出微弱的紅色光芒。因此，剛誕生的星系會整體呈現藍色。但是，大質量恆星的壽命比較短，過了數百萬年至數千萬年就會發生爆炸而「死亡」，使得星系逐漸轉呈紅色。馬渡特任研究員便是利用這個特徵，企圖發現在更古老時代誕生的星系。

研究團隊首先發現在128億光年遠處放出紅光的星系（左邊圖像）。詳細分析這個星系放出的光的波長之後，得知這個星系為7億歲。也就是說，可以推定這個星系是在135億年前（大霹靂的3億年後）誕生，因此成為目前為止所發現的星系之中，最古老的星系（右邊圖像）。馬渡特任研究員說：「這次研究的重點，不是在於探索遙遠的星系，而是在於探索古老的星系，並藉由推定它的年齡，發現可能在更古老的時代誕生的星系。」NASA（美國航空暨太空總署）預定於2021年發射詹姆斯・韋伯太空望遠鏡（James Webb Space Telescope，JWST），屆時藉由它的觀測，將能對本項研究進行驗證。

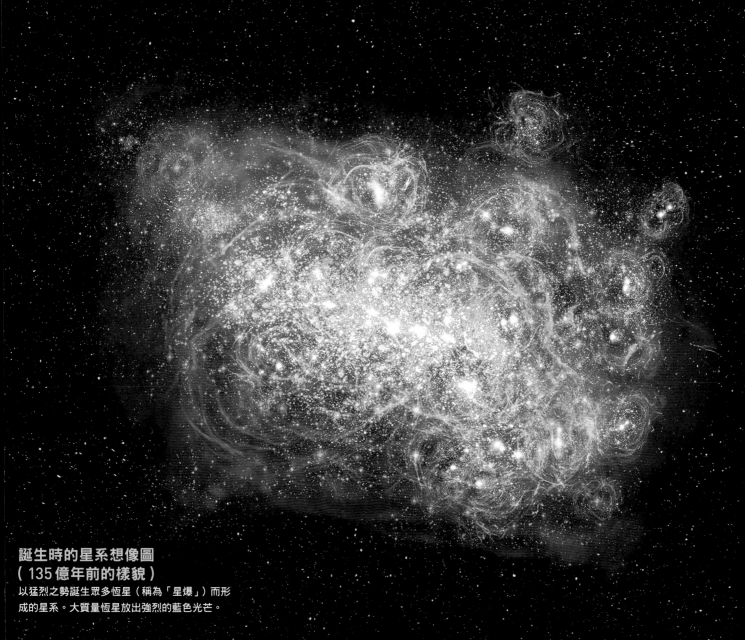

誕生時的星系想像圖
（135億年前的樣貌）
以猛烈之勢誕生眾多恆星（稱為「星爆」）而形成的星系。大質量恆星放出強烈的藍色光芒。

變換「尺度」眺望宇宙

1 天文單位的尺度

地球與太陽之間的平均距離（約 1 億 5000 萬公里）為「1 天文單位」。太陽與火星的距離為大約 1.5 天文單位。火星軌道與木星軌道之間有 90 萬顆以上的小行星。

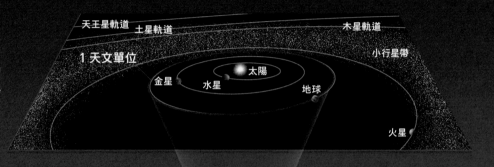

天王星軌道 土星軌道 木星軌道
1 天文單位 小行星帶
太陽
金星 水星 地球
火星

↓ 100 倍

100 天文單位的尺度

100 天文單位相當於大約 0.0016 光年。在海王星的外側，有由大約 1400 個小天體組成環狀的「艾吉沃斯-古柏帶」（Edgeworth-Kuiper belt）。

100 天文單位 艾吉沃斯-古柏帶
天王星
海王星

↓ 約 630 倍

1 光年的尺度

1 光年相當於大約 6 萬 3000 天文單位（約 9 兆 5000 億公里）。被認為包圍著太陽系的歐特雲大概是這個程度的大小。還看不到太陽鄰近的恆星。

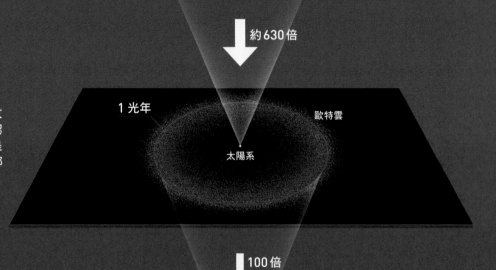

1 光年 歐特雲
太陽系

↓ 100 倍

100 光年的尺度

在 100 光年以內，估計有大約 2500 顆恆星。彼此之間的距離在數光年以上，相當遙遠。右圖所示為 100 光年以內的主要 1 等星。

100 光年 織女一
河鼓二
五車二
北河三 南門二（半人馬座 α 星）
南河三 天狼星
→ 100 倍

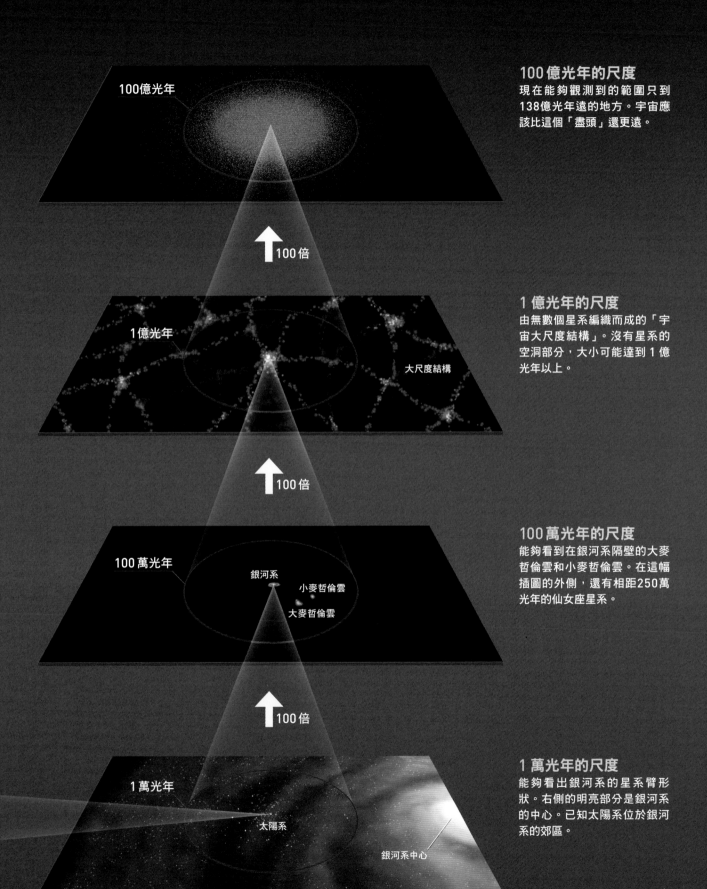

100億光年的尺度
現在能夠觀測到的範圍只到138億光年遠的地方。宇宙應該比這個「盡頭」還更遠。

100億光年

100倍

1億光年的尺度
由無數個星系編織而成的「宇宙大尺度結構」。沒有星系的空洞部分，大小可能達到1億光年以上。

1億光年

大尺度結構

100倍

100萬光年的尺度
能夠看到在銀河系隔壁的大麥哲倫雲和小麥哲倫雲。在這幅插圖的外側，還有相距250萬光年的仙女座星系。

100萬光年

銀河系

小麥哲倫雲

大麥哲倫雲

100倍

1萬光年的尺度
能夠看出銀河系的星系臂形狀。右側的明亮部分是銀河系的中心。已知太陽系位於銀河系的郊區。

1萬光年

太陽系

銀河系中心

宇宙中的距離測量方法

在浩瀚的宇宙中，是採用「累進法」來測量距離。使用某個方法測量鄰近的天體的距離，再以這個距離為基準，使用另一個方法測量更遠天體的距離。具體方法有底下幾種。

利用恆星視差（目視位置的變化）來測量
—— 數百光年以內的鄰近恆星

坐在行駛的列車內觀賞窗外的風景，會感覺較近的物體移動較大，較遠的物體好像不太移動。同樣地，從繞著太陽公轉的地球觀看夜空的星星，越靠近地球的星星，目視位置的移動越大。藉由測量這個變化的大小，可以得知距離的遠近。

地球一年繞行軌道一圈，所以經過半年時，目視位置的變化最大。這個變化的角度的一半稱為「周年視差」（annual parallax）。只要測量周年視差，便可以利用「地球」、「太陽」、「想要測量距離的星星」這三個天體連成的三角形，計算出距離（三角測量）。由於只依據觀測的結果，所以在理論上，這是最正確的方法。

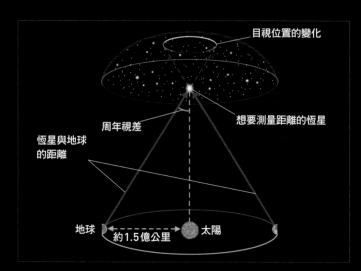

目視位置的變化
周年視差
想要測量距離的恆星
恆星與地球的距離
地球
約1.5億公里
太陽

利用「亮度」來測量
—— 數十億光年以內的恆星和星系

同樣亮度的電燈泡，離我們越遠則看起來越昏暗，離我們越近則看起來越明亮。利用相同的原理，也可以依據從地球上看到的恆星或星系的亮度，測量地球與它們的距離。

如果天體的真正亮度相同，那麼從地球上看到的目視亮度會依距離而決定。反過來說，只要知道了真正的亮度，就能依據目視亮度計算出距離。有若干種天體（造父變星或超新星等等），能夠與理論上的預測值做比較，進而得知它們的真正亮度。我們可以利用這些天體做為基準，推定想要測量天體的距離。

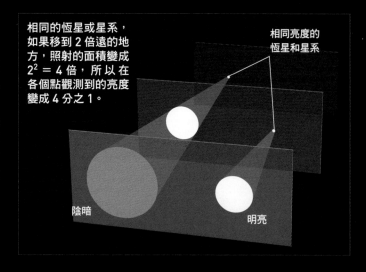

相同的恆星或星系，如果移到 2 倍遠的地方，照射的面積變成 $2^2 = 4$ 倍，所以在各個點觀測到的亮度變成 4 分之 1。

相同亮度的恆星和星系

陰暗

明亮

利用「退離速度」來測量
—— 數十億光年以上的遙遠星系

我們知道，宇宙正在膨脹中，「離地球越遠的星系以越快的速度遠離而去」（哈伯 - 勒梅特定律，Hubble-Lemaître law），而且也建立了距離與速度的關係式。只要知道退離的速度，就能得知距離。

星系退離的速度，可由觀測該處傳來的光的顏色（波長）而得知。從退離的星系傳來的光，在抵達地球的途中會被拉長。退離速度越快，光的波長被拉長的程度越大，便會偏向紅色。因此，只要觀測光的顏色，便可推定星系退離的速度。再依據這個速度，計算出距離。

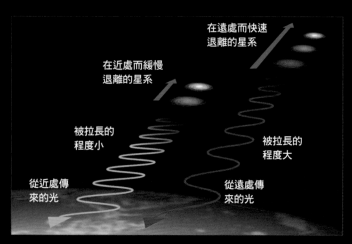

在遠處而快速退離的星系

在近處而緩慢退離的星系

被拉長的程度小

被拉長的程度大

從近處傳來的光

從遠處傳來的光

似乎看到了「宇宙的全貌」

望遠鏡和人造衛星的觀測技術日益發展的結果，讓我們能夠以相當高的精密度，看到了由無數恆星及星系構成的宇宙樣貌，也讓我們能夠逐步收集在宇宙空間中，什麼地方分布著多少個什麼樣的天體等資料。

利用這些資料，可以繪製出「宇宙地圖」。不過，宇宙真是太遼闊了，所以，若想只以一張地圖涵蓋宇宙的全貌，絕對不是一件簡單的事。從次頁起，我們將使用特別的方法帶各位縱覽宇宙。

觀測範圍內的宇宙樣貌

1億光年

上圖為無數星系的連結狀態。圖像中心為太陽系。在距離太陽系數十億光年的遠處，從正側面觀看銀河系圓盤面。各個點表示所觀測到的星系位置。分布在圖像左右兩側的黑色區域，是無法從位於銀河系內部的地球上觀測到的區域。

© 高幣俊之、加藤恒彥、ARC and SDSS、4D2U Project, NAOJ

人類所知道的
「宇宙的全貌」

若想實際感受宇宙的廣大浩瀚，不妨試試以下「兩個觀看方式」。第一個觀看方式是採取「1 光年」這個長度做為基準。所謂的 1 光年，是指光行進 1 年所走的距離。光在真空中一秒鐘所走的距離可以繞行地球 7 圈半（約 30 萬公里）。1 年的話，是它的 60（秒）×60（分）×24（小時）×365（天）倍，亦即大約 9 兆 4600 億公里。這個距離稱為 1 光年。

例如，全天空最明亮的 1 等星天狼星距離地球大約 81 兆公里。這個數值大到難以想像，但若把它換算成大約 8.6 光年，也就是以光速行進大約 8.6 年能夠到達的距離，或許會比較容易想像吧！

第二個觀看方式是採用「對數尺度」。一般圖的刻度通常表示一定的距離，例如：前進 1 個刻度表示 1 公里，前進 2 個刻度表示 2 公里。但若採用對數尺度，則每前進 1 個刻度的距離是乘上一定的倍數。例如：採取「10」的對數尺度，亦即把 1 個刻度定為「10 倍」，則 1 光年的下 1 個刻度是 10 光年，下 2 個刻度是 100 光年。這麼一來，即使是位於 100 億光年如此遙遠之處的天體，也只要放在第 10 個刻度就行了。無論鄰近的天體或遙遠的天體都能納入同一幅圖中，這便是對數尺度的優點。

讓我們依循這兩個觀看方式，試著眺望人類能夠觀測到的宇宙全部範圍吧！在本頁中先來看看從太陽到銀河系的範圍，下一頁起再去看更遠的地方。

100 光年以內的宇宙
～恆星的世界

太陽是最靠近地球的「恆星」。所謂的恆星，是指會藉由本身的能量而發光的星球。而金星只不過是反射太陽的光而發亮，所以不是恆星。太陽的重力能夠有效地發揮影響的範圍，亦即太陽系的大小，約 1 光年。

太陽以外的恆星，位於 4 光年以上的距離之外。在 100 光年以內，估計有大約 2500 顆恆星。

註：這幅圖中，只有各條淺藍色圓弧線
　　與太陽的距離為正確資料，其他資
　　訊並不正確，所以請專注在各條淺
　　藍色線條所表示的距離即可。

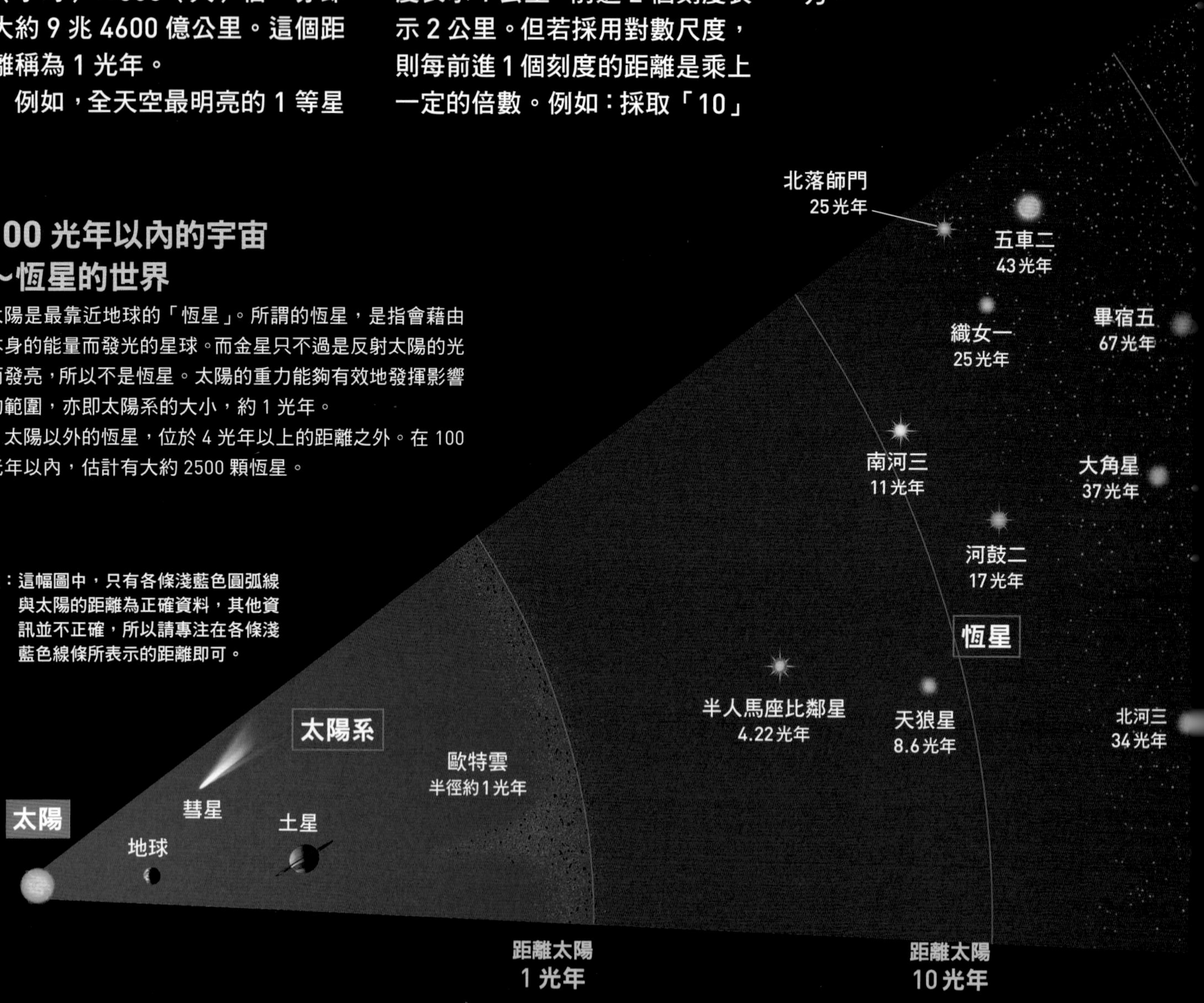

北落師門
25 光年

五車二
43 光年

織女一
25 光年

畢宿五
67 光年

南河三
11 光年

大角星
37 光年

河鼓二
17 光年

恆星

半人馬座比鄰星
4.22 光年

天狼星
8.6 光年

北河三
34 光年

太陽系

太陽

彗星

地球

土星

歐特雲
半徑約 1 光年

距離太陽
1 光年

距離太陽
10 光年

10 萬光年以內的宇宙 ～銀河系的內側

在數千光年以內的範圍中，有許多稱為「星雲」的天體存在。如果使用望遠鏡觀察，這些天體看起來朦朦朧朧地，就像雲朵一般。這些星雲不僅是恆星組成的集團，更是恆星誕生和死亡的場所。

我們的太陽是直徑10萬光年的圓盤狀「銀河系」的一員。銀河系的中心位於距離太陽 2 萬6000光年的地方。

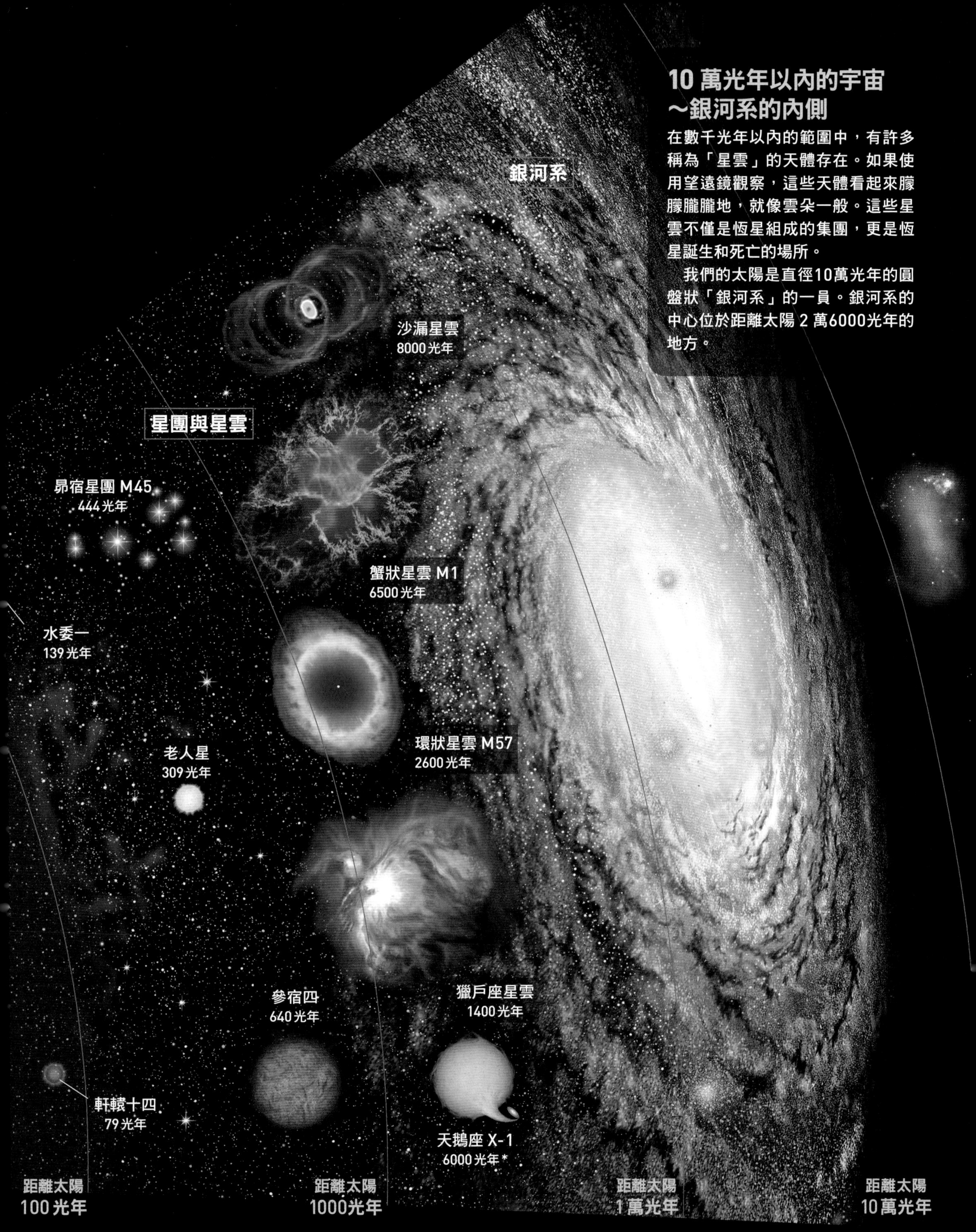

銀河系

沙漏星雲
8000光年

星團與星雲

昴宿星團 M45
444光年

蟹狀星雲 M1
6500光年

水委一
139光年

環狀星雲 M57
2600光年

老人星
309光年

參宿四
640光年

獵戶座星雲
1400光年

軒轅十四
79光年

天鵝座 X-1
6000光年*

距離太陽
100 光年

距離太陽
1000光年

距離太陽
1 萬光年

距離太陽
10 萬光年

註：2021 年 2 月《科學》（Science）月刊報導：澳洲科廷大學（Curtin University）教授米勒瓊斯（James Miller-Jones）等人的研究團隊最新計算出天鵝座 X-1 的質量比以前估算的重 50%，為太陽的 21 倍，與地球的距離也比以前想像的要遠 20%，距地球 7200 光年。

1 億光年以內的宇宙～星系的世界

在宇宙中，有許多個像銀河系這樣的恆星集團，稱為星系。在距離太陽系20萬光年的地方，有兩個鄰近銀河系的小星系「大麥哲倫雲」和「小麥哲倫雲」。在距離太陽系250萬光年的地方，有一個比銀河系更大的「仙女座星系」。這些星系都處於一個稱為「本星系群」的更大星系集團裡面。

在數千萬光年遠的地方，還有許多個由星系集結而成的更巨大的星系集團，稱為「星系團」和「超星系團」。

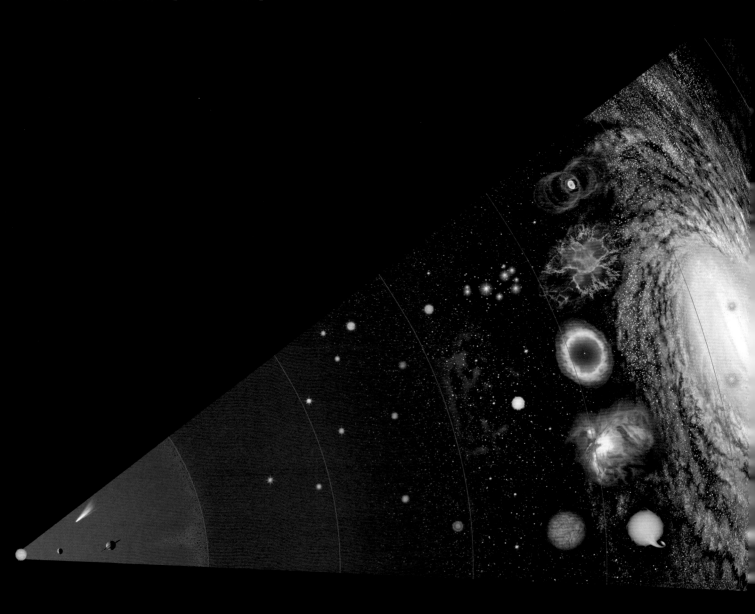

距離太陽 1 光年	距離太陽 10 光年	距離太陽 100 光年	距離太陽 1000 光年	距離太陽 1 萬光年

註：本插圖所參考的宇宙地圖，係由日本國立天文台 4 次元數位宇宙計畫（4D2U）的「Mitaka」繪製而成。在官網首頁（http://4d2u.nao.ac.jp/html/program/mitaka/）上，可免費取得能夠在電腦畫面上觀看宇宙形貌立體圖像的軟體。

138 億光年以內的宇宙～人類所知道宇宙的全部範圍

觀察100億光年這種程度的廣大範圍，便可明白宇宙中雖然有些地方聚集著數不清的星系，但也有一些地方幾乎看不到任何星系。這些不同的地方交織串連而成的結構，宛如海綿裡的小泡泡聚集在一起的模樣。

　　人類所能觀測到的宇宙的界限，可能放射出稱為「宇宙背景輻射」的電磁波。🪐

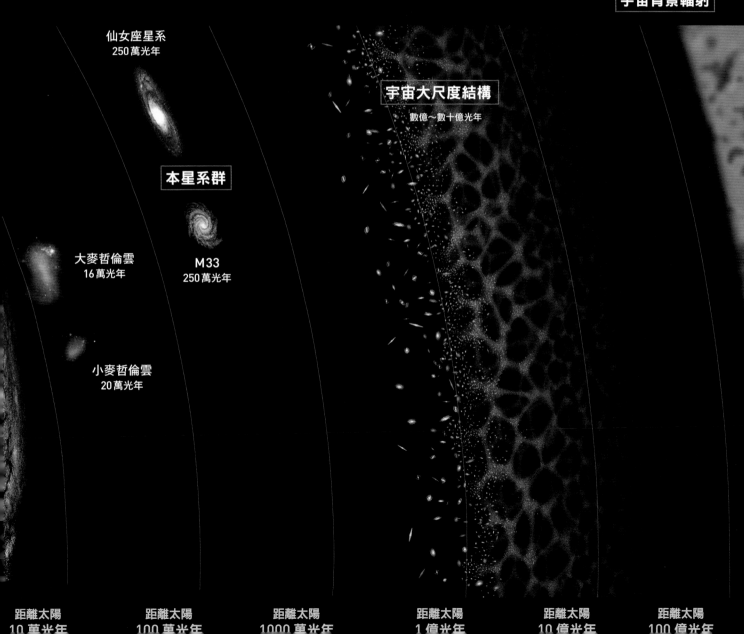

宇宙背景輻射

仙女座星系
250 萬光年

宇宙大尺度結構
數億～數十億光年

本星系群

大麥哲倫雲
16 萬光年

M33
250 萬光年

小麥哲倫雲
20 萬光年

距離太陽
10 萬光年　　　距離太陽
100 萬光年　　　距離太陽
1000 萬光年　　　距離太陽
1 億光年　　　距離太陽
10 億光年　　　距離太陽
100 億光年

宙之篇

從宇宙創生到超未來

在前段的「宇之篇」中，我們逐步探索宇宙的「空間範圍」，最後抵達了意謂著我們所能觀測到的「宇宙盡頭」。

而在後段的「宙之篇」中，我們將探討宇宙的「時間範圍」，也就是從宇宙的誕生到現在，再到未來的宇宙歷史。現在，就讓我們從宇宙誕生的138億年前出發，奔向10的10次方年後的超未來，做一趟漫長的時間旅行吧！

序言

PART 1　宇宙的誕生

PART 2　天體的誕生

PART 3　宇宙的未來

監修　村山 齊
協助　吉田直紀／生駒大洋／杉山 直／玉川 徹／和南城伸也／櫻井博儀／日影千秋

宇宙的膨脹

闡明了宇宙曾經有『開端』這回事

在 進入第120頁開始的正文之前，先介紹幾個在理解宇宙的歷史前，最好能夠先知道的基本事項。

我們人類有年齡，同樣地，宇宙也有年齡。**科學家們推定，現在宇宙的年齡為138億歲。**宇宙有年齡，這件事意謂著宇宙曾經有「誕生的瞬間」。為什麼我們會知道宇宙有誕生的瞬間呢？

1929年，美國天文學家哈伯使用望遠鏡觀測各種星系（由許多像太陽一樣會自行發光的恆星聚集而成的天體），發現了一項事實，那就是**「越遠的星系以越快的速度遠離而去」**※。**為了紀念哈伯和更早之前發現相同定律的勒維特（Georges Lemaître，1894～1966）的貢獻，便以這兩人的名字稱這個定律為「哈伯-勒維特定律」。**

科學家們認為這是「宇宙正在膨脹中」的證據。由於宇宙在膨脹，使得星系與星系之間的距離拉長，所以星系會遠離我們而去（詳見右頁下方的插圖）。

宇宙在膨脹中，所以如果往過去回溯，則宇宙會越來越小，星系會越來越密集。回溯到最後，宇宙全體會「塌縮」成一個點，而無法再繼續回溯下去，這個時間點可能就是宇宙的開端。科學家們便是依據這樣的思考，推算出宇宙的年齡是138億歲。

以上的論述是經過簡化的說法，實際上宇宙的歷史更為複雜。詳細的情形請參閱本篇後續的說明。

※：更正確的說法是：「星系遠離地球而去的速度，與地球及該星系之間的距離成正比增加」。

速度2

星系B
與銀河系的
距離為2

速度1

星系A
與銀河系的
距離為1

銀河系
我們居住的太陽系屬於「銀河系」。銀河系由大約1000億～數千億顆恆星組成，形狀可能類似一個圓盤。

越遠的星系退離越快

本圖所示為「越遠的星系以越快的速度遠離銀河系（我們居住的星系）而去」這個天文觀測的結果。假設星系與銀河系的距離增加為 2 倍，則星系遠離銀河系而去的速度也會增加為 2 倍（距離與退離速度成正比）。這個定律稱為「哈伯-勒維特定律」。

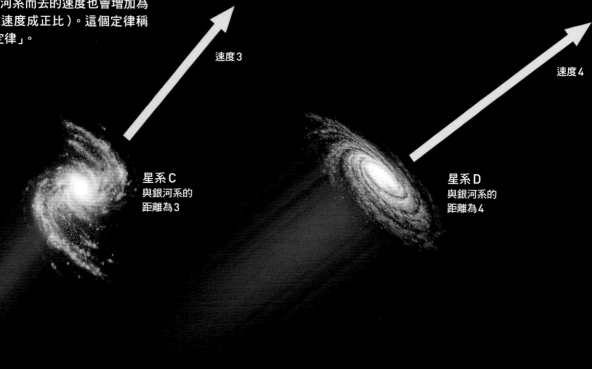

速度 3

速度 4

星系 C
與銀河系的
距離為 3

星系 D
與銀河系的
距離為 4

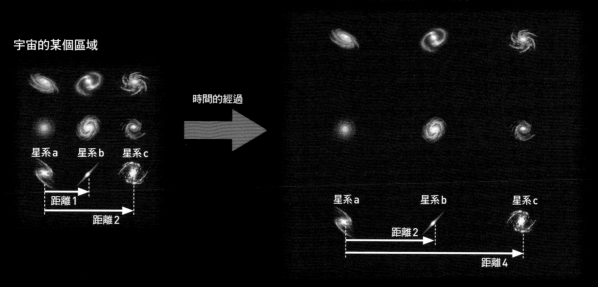

宇宙的某個區域（長度膨脹為 2 倍）

宇宙的某個區域

時間的經過

星系 a　星系 b　星系 c

距離 1

距離 2

星系 a　　　星系 b　　　星系 c

距離 2

距離 4

只要假設「宇宙正在膨脹中」，便能說明哈伯-勒維特定律（上圖）

上圖左側為假設星系 a 和星系 b 之間的距離為 1，右側為宇宙因為膨脹而使得距離拉長為 2。星系 a 和星系 c 之間的距離則從 2 拉長為 4。從星系 a 來看，在這段時間內，星系 b 只退離了 1，星系 c 只退離了 2。也就是說，在同一期間內，某個星系退離的距離（速度）會隨著該星系原本與星系 a 的距離而增大。這就是「哈伯—勒維特定律」（星系退離的速度與距離成正比）。只要假設宇宙正在膨脹中，便能圓滿說明哈伯—勒維特定律這個觀測事實。

在剛誕生的宇宙中，
主角不是天體，
而是「小粒子」

宇宙在剛誕生的嬰兒時期，溫度可能非常高。在138億年前剛誕生的宇宙，構成現在宇宙的所有物質都被「壓縮」在極小的空間裡面，所以處於非常高溫且高密度的狀態。

把液態的水加熱，會變成氣態的水蒸氣。在液態的水中，水分子是緊密集結的狀態，但是在氣態的水蒸氣中，水分子則是疏鬆離散地在空間裡自由飛竄。像這樣，**物質具有越高溫則越離散的傾向。**

剛誕生的宇宙溫度可能高達 1 兆度以上。在這麼高的溫度下，固態和液態的物質無法存在，甚至連原子和分子也無法存在。

原子和分子是由多個「基本粒子」構成（參照右頁下方插圖）。所謂的基本粒子，是指無法再分割得更細小的粒子，也就是物質的最小單位。**由於剛誕生的宇宙處於極端高溫的狀態，所以基本粒子可能是疏鬆離散地在空間裡自由飛竄。**

基於以上的理由，在宇宙剛誕生不久的極短暫時間內（宙之篇PART 1），基本粒子之類的小粒子在宇宙的歷史中扮演著主要的角色。而恆星、星系、黑洞等天體，則要到宇宙誕生大約 3 億年後（宙之篇PART 2）才會出現。

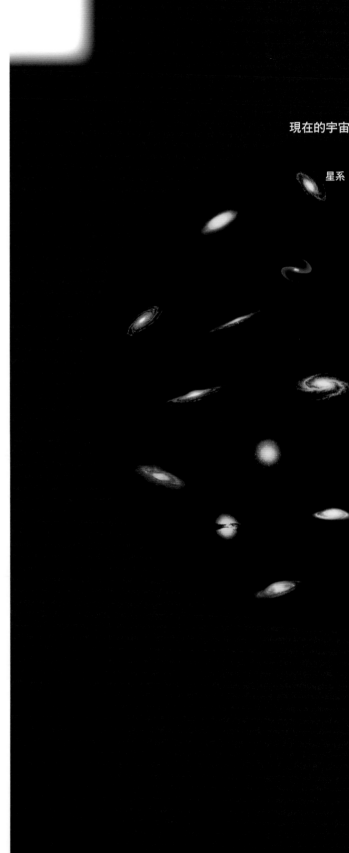

現在的宇宙

星系

越古早的宇宙越高溫

現在的宇宙正在膨脹中，這就意謂著，越往過去回溯（越往插圖右邊），則宇宙會越小。過去宇宙的溫度可能比現在宇宙的溫度高。插圖中以宇宙空間的顏色來表現溫度（越偏紅色代表溫度越高）。

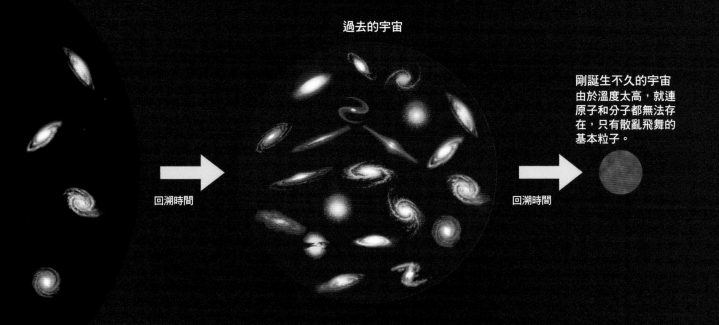

過去的宇宙

回溯時間

回溯時間

剛誕生不久的宇宙由於溫度太高，就連原子和分子都無法存在，只有散亂飛舞的基本粒子。

原子由3種「基本粒子」構成

右圖所示為氫原子。原子的構造是中央有個原子核，其周圍有「電子」環繞。原子核由許多個「上夸克」（up quark）和「下夸克」（down quark）結合而構成。電子和這兩種夸克可能都是無法再分割得更細小的「基本粒子」。電子和下夸克帶負電，上夸克帶正電。

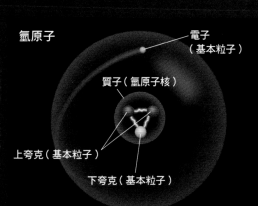

氫原子

電子（基本粒子）

質子（氫原子核）

上夸克（基本粒子）

下夸克（基本粒子）

掌握宇宙歷史的概略

本 圖所示為宙之篇所介紹的宇宙歷史綱要。在這一小節裡不做詳細的說明，只想讓各位掌握宇宙歷史全貌的大致流程。

剛誕生的宇宙是一個只有「基本粒子」四處散亂飛竄的世界。隨著宇宙的膨脹，溫度逐漸下降，基本粒子開始互相結合。在宇宙誕生的37萬年後，終於誕生了「原子」。

接著，度過了大約3億年沒有任何天體存在的「黑暗時代」後，總算出現了宇宙最初的「恆星」。由恆星集結而成的「星系」也逐漸有了初步的雛形。許多個小星系反覆地碰撞、合併，逐漸成長為今天所看到的大型星系。

在恆星的周圍，也有行星系

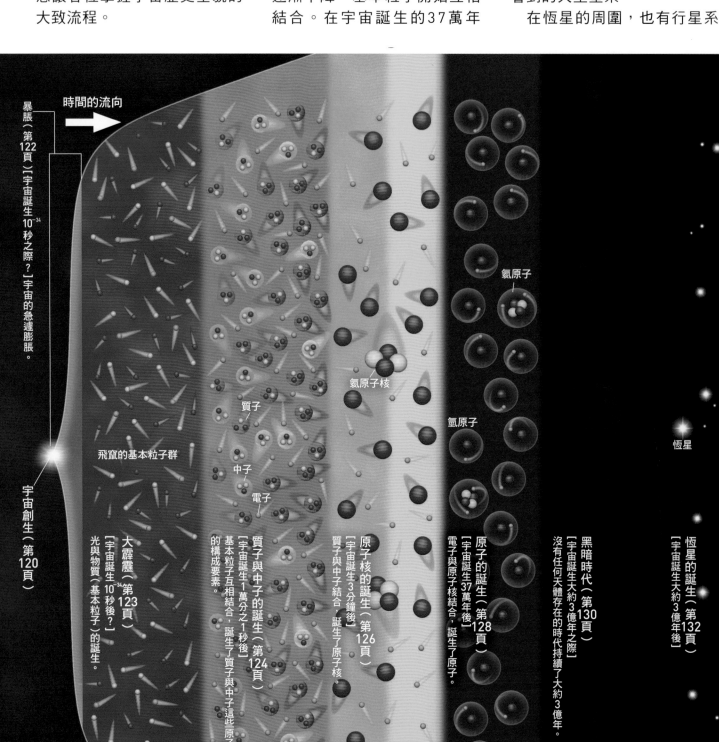

時間的流向

暴脹（第122頁）[宇宙誕生10⁻³⁴秒之際？]宇宙的急遽膨脹。

飛竄的基本粒子群

質子

中子

電子

氦原子核

氫原子

氦原子

恆星

宇宙創生（第120頁）

大霹靂（第123頁）[宇宙誕生10⁻³⁴秒後？]光與物質（基本粒子）的誕生。

質子與中子的誕生（第124頁）[宇宙誕生1萬分之1秒後]基本粒子互相結合，誕生了質子與中子這些原子核的構成要素。

原子核的誕生（第126頁）[宇宙誕生3分鐘後]質子與中子結合，誕生了原子核。

原子的誕生（第128頁）[宇宙誕生37萬年後]電子與原子核結合，誕生了原子。

黑暗時代（第130頁）[宇宙誕生大約3億年之際]沒有任何天體存在的時代持續了大約3億年。

恆星的誕生（第132頁）[宇宙誕生大約3億年後]

形成。太陽系的誕生是在距今大約46億年前，也就是宇宙誕生的大約92億年後。

宙之篇接下來也會介紹宇宙的未來。我們居住的「銀河系」有可能會反覆地和鄰近的星系碰撞、合併，而在大約不到1000億年間，成長為巨大的星系。

另一方面，其他更遠的星系則會因為宇宙的膨脹而離我們越來越遠，到了1000億年後就再也觀測不到了。「我們這個巨大的星系」在宇宙中變成孤零零地。

星系中的各恆星到最後都會把核心的燃料燃燒完畢，因此在100兆年內，星系將失去光輝，使得宇宙再度回到一片黑暗的世界。在未來，還會發生

什麼樣的事情呢？謎底將在宙之篇PART 3中揭曉。

從下一頁開始，我們將透過插圖，從宇宙創生的瞬間出發，走一趟宇宙的歷史之旅。

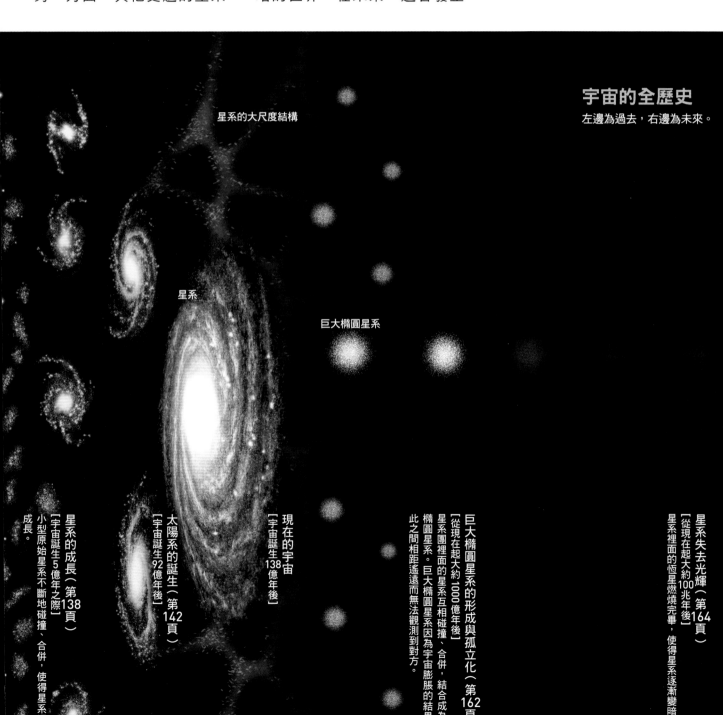

星系的大尺度結構

宇宙的全歷史

左邊為過去，右邊為未來。

星系

巨大橢圓星系

星系的成長（第138頁）
〔宇宙誕生5億年之際〕
小型原始星系不斷地碰撞、合併，使得星系逐漸成長。

太陽系的誕生（第142頁）
〔宇宙誕生92億年後〕

現在的宇宙
〔宇宙誕生138億年後〕

巨大橢圓星系的形成與孤立化（第162頁）
〔從現在起大約1000億年後〕
星系團裡面的星系互相碰撞、合併，結合成為巨大橢圓星系。巨大橢圓星系因為宇宙膨脹的結果，彼此之間相距遙遠而無法觀測到對方。

星系失去光輝（第164頁）
〔從現在起大約100兆年後〕
星系裡面的恆星燃燒完畢，使得星系逐漸變暗。

宇宙誕生
0秒後

充滿謎團的宇宙創生。宇宙是從「無」誕生？

究竟「宇宙是如何誕生的呢？」這個人類史上最大的疑問，現代物理學正試圖挑戰。科學家們提出了各式各樣的假說，這裡要介紹其中一個有名的假說。

1982年，美國物理學家維連金（Alexander Vilenkin，1949～）發表了一篇論文，主張宇宙從「無」誕生。這個說法很難想像，因為這裡所說的「無」，並非單指「沒有物質」，而是「連空間都沒有」。

誕生瞬間的宇宙，比原子（1毫米的1000分之1左右，約10^{-10}公尺）或原子核（1毫米的1兆分之1左右，約10^{-15}公尺）還要小，甚至可能比原子核還要小上20個位數（數量級）。

從無誕生的宇宙創生論，還沒有獲得證實，只是一個假說而已。關於宇宙的誕生，我們目前仍然不清楚。但是，維連金是運用物理學進行研究才得出這個結論[※]，絕對不是毫無根據地空口說白話。雖然是假說，但宇宙的起源竟然能夠運用物理學來探討，這件事本身就足以讓人驚歎不已吧！

※：運用了探討時間、空間、重力理論的「廣義相對論」和闡述微觀世界理論的「量子論」這兩個現代物理學的基礎理論，而得出這個結論。

從無誕生的宇宙

剛誕生的宇宙在一瞬間巨大化

誕生瞬間的宇宙是個比原子還要小的東西。這個微小宇宙在剛誕生不久就發生了超乎想像的急遽膨脹，這樣的主張被視為非常有力的假說。在 1 秒的 1 兆分之 1 又 1 兆分之 1 又100 億分之 1 的時間（10^{-34}秒）內，宇宙的大小膨脹了 1 兆倍又 1 兆倍又 1 兆倍又1000萬倍（10^{43}倍）[※]。

這些數值，真是難以想像啊！

在宇宙和天文學中，經常會出現大得不得了的數字，所以我們常用「天文數字」這個語詞來形容極大的數，但這裡所說的數，可以說是超乎群倫的大數吧！

這個剛誕生不久的宇宙所發生的急遽膨脹被稱為「暴脹」（inflation）。英文意思是「膨脹」，但也是表示「物價持續上漲」的經濟學名詞，因此廣為人知。在1980年左右提出暴脹理論的美國物理學家古斯（Alan Harvey Guth，1947～）博士把這個名詞套用在剛誕生宇宙的膨脹上。日本東京大學名譽教授佐藤勝彥博士（1945～）也獨立提出了相同的理論而聞名。

暴脹並非單純的膨脹，而是「加速性的膨脹」。也就是說，隨著時間的經過，膨脹的速度會越來越快。

在微小宇宙中，光和物質都不存在。另一方面，卻可能充滿了引發暴脹的某種能量。但目前並不清楚其中的詳情，有待繼續進行理論上的研究。

[※]：不過，暴脹理論有許多種不同的模型。這裡所提出的暴脹的持續時間、膨脹的大小程度，會依不同的模型而有幾個位數的差異。在實際的宇宙歷史中究竟如何，到目前仍然撲朔迷離。這裡的論述只是推測的概略數值，僅供參考而已。

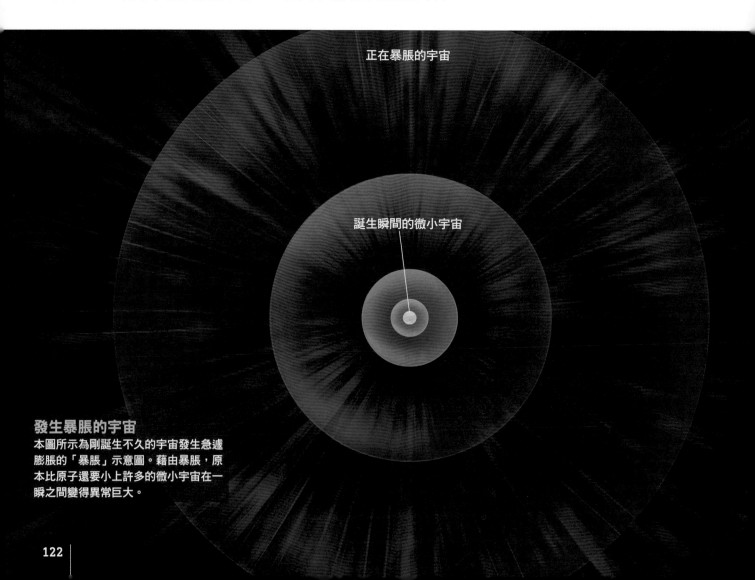

正在暴脹的宇宙

誕生瞬間的微小宇宙

發生暴脹的宇宙
本圖所示為剛誕生不久的宇宙發生急遽膨脹的「暴脹」示意圖。藉由暴脹，原本比原子還要小上許多的微小宇宙在一瞬之間變得異常巨大。

暴脹結束時，宇宙中誕生了物質和光

宇宙超乎想像地急遽膨脹的暴脹，也有結束的時候。從某個時候起，宇宙的膨脹速度開始急遽變慢。

高速行駛的汽車如果緊急煞車，輪胎會因為摩擦而變熱，這是因為汽車的動能轉換成熱能的緣故。當暴脹結束的時候，同樣地，也發生了能量的轉換。原本引發宇宙加速膨脹（暴脹）的能量轉換成了其他能量。

所謂的其他能量，是指物質、光和熱能。也就是說，在暴脹結束的同時，宇宙中誕生了物質和光，**並且變成了高溫的世界。這個灼熱狀態宇宙的誕生，就是所謂的「大霹靂」（big bang）**※。這個瞬間的溫度究竟高到什麼程度，我們並不清楚，但有可能達到 1 兆度以上。

暴脹剛結束時所誕生的物質，就是各式各樣的基本粒子。這個時候的宇宙，可能是個各種基本粒子散亂地在空間裡到處飛竄的世界。

※：「大霹靂」有時也用來含混地指稱「宇宙的誕生」。但是在本書中，依循現代宇宙論的標準語詞的使用方法，把大霹靂這個語詞定義為「暴脹後發生『灼熱狀態宇宙的誕生』」。

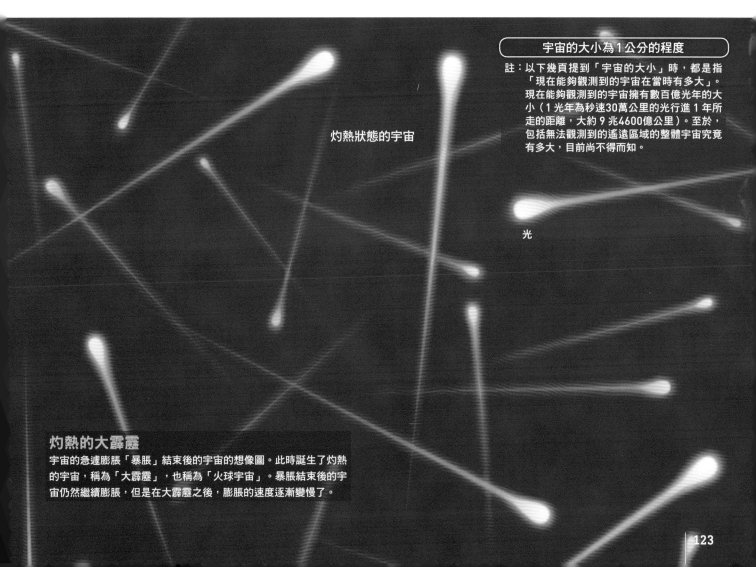

灼熱狀態的宇宙

光

宇宙的大小為1公分的程度

註：以下幾頁提到「宇宙的大小」時，都是指「現在能夠觀測到的宇宙在當時有多大」。現在能夠觀測到的宇宙擁有數百億光年的大小（1 光年為秒速30萬公里的光行進 1 年所走的距離，大約 9 兆4600億公里）。至於，包括無法觀測到的遙遠區域的整體宇宙究竟有多大，目前尚不得而知。

灼熱的大霹靂
宇宙的急遽膨脹「暴脹」結束後的宇宙的想像圖。此時誕生了灼熱的宇宙，稱為「大霹靂」，也稱為「火球宇宙」。暴脹結束後的宇宙仍然繼續膨脹，但是在大霹靂之後，膨脹的速度逐漸變慢了。

氫的原子核「質子」及「中子」誕生了

宇宙誕生大約 1 萬分之 1 秒（10^{-4}秒）後，原本只有各種基本粒子在四處飛竄的宇宙（**1**）發生了巨大的變化。這個時候，因為宇宙的膨脹，溫度下降到大約 1 兆度左右。這麼一來，原本到處活蹦亂跳的基本粒子之中的「上夸克」和「下夸克」便開始聚集結合[※]，於是誕生了「質子」和「中子」（**2**）。

氫的原子核就是 1 個質子，因此可以說，**氫這種元素（元素符號為 H）是在這個時候首次出現於宇宙中**。不過，宇宙中要誕生真正的氫原子（質子周圍有電子在繞轉的狀態），還需要多一點時間。

氫是週期表上第一個元素（原子序為 1），也是最輕的元素。在質子誕生時的宇宙中，週期表上的其他元素（原子核）一個也沒有。

※：使夸克彼此結合在一起的力稱為「強力」（strong force）或「強核力」（strong nuclear force）或「強交互作用」（strong interaction）。

1. 基本粒子散亂地到處飛竄的時代

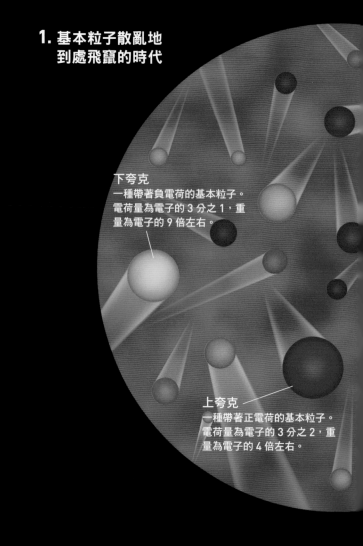

下夸克
一種帶著負電荷的基本粒子。電荷量為電子的 3 分之 1，重量為電子的 9 倍左右。

上夸克
一種帶著正電荷的基本粒子。電荷量為電子的 3 分之 2，重量為電子的 4 倍左右。

質子與中子的誕生

宇宙最初處於各種基本粒子散亂地到處飛竄的狀態（**1**）。當溫度因為宇宙膨脹而下降到 1 兆度左右時，基本粒子之中的「上夸克」和「下夸克」開始互相聚集結合而形成「質子」和「中子」（**2**）。質子是由 2 個上夸克和 1 個下夸克結合而成，中子是由 1 個上夸克和 2 個下夸克結合而成。

還有，為了簡化起見，在宙之篇 PART 1 的插圖中，暫且省略了「反粒子」的存在而不繪出。

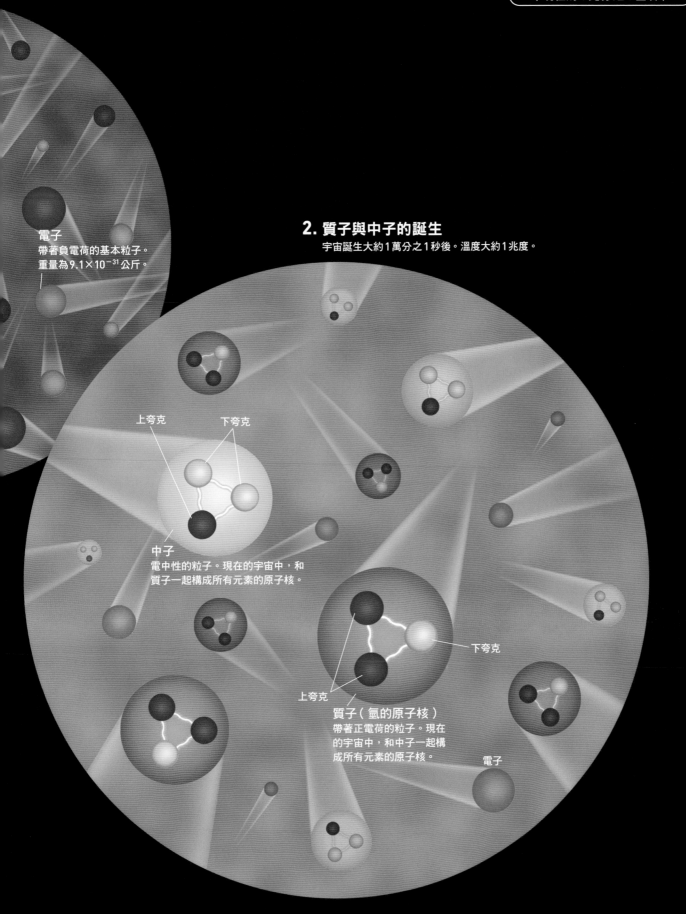

電子
帶著負電荷的基本粒子。
重量為 9.1×10^{-31} 公斤。

上夸克 下夸克

中子
電中性的粒子。現在的宇宙中，和
質子一起構成所有元素的原子核。

下夸克

上夸克

質子（氫的原子核）
帶著正電荷的粒子。現在
的宇宙中，和中子一起構
成所有元素的原子核。

電子

2. 質子與中子的誕生
宇宙誕生大約 1 萬分之 1 秒後。溫度大約 1 兆度。

藉由「核融合反應」，氫的原子核誕生了

宇宙誕生大約 3 分鐘後，宇宙的溫度逐漸下降到10億度時，氫以外的元素終於開始誕生了。因為這個時候，「核融合反應」（元素的合成）開始發生了。

所謂的核融合反應，是指原子核（含有質子和中子）互相碰撞而融合的反應。散亂地到處飛竄的質子和中子結合成為原子核，原子核又與其他原子核融合成為稍微大一點的原子核。插圖所示為這個時候發生的核融合反應的代表性例子。

大霹靂發生大約20分鐘後，核融合反應宣告結束[※]。**除了氫以外，又新生成的元素有氦（He，原子序 2）以及極少數的鋰（Li，原子序3）。**現在的宇宙中有各式各樣的元素（到原子序92的鈾 [U] 為止），相對之下，初期的宇宙可以說是一個極端缺乏物質多樣性的宇宙。在此後的大約 3 億年間，宇宙中就只有這些元素存在。

[※]：若要促使核融合反應發生，需要適當的溫度和適當的密度。溫度高，意謂著原子核彼此碰撞的勢道強。原子核都帶著正電荷，如果溫度太低，原子核彼此會排斥而彈開，無法發生碰撞而合併。宇宙在這段期間仍然持續膨脹，溫度逐漸下降，所以才過了一下子就無法發生核融合反應了。

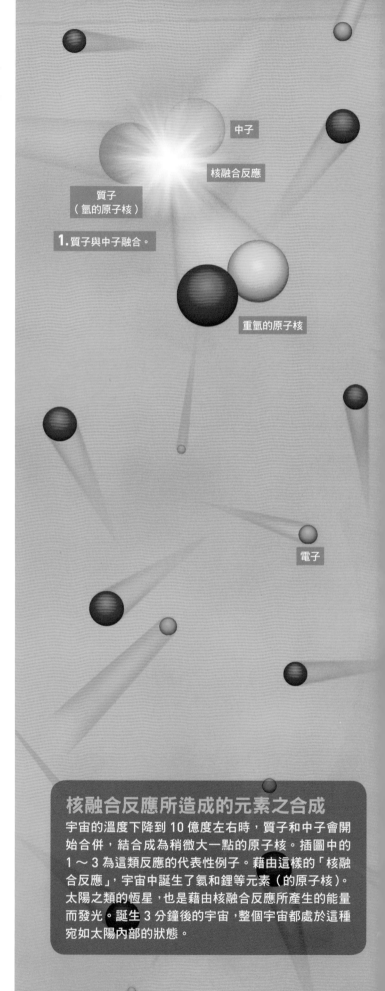

中子

核融合反應

質子
（氫的原子核）

1. 質子與中子融合。

重氫的原子核

電子

核融合反應所造成的元素之合成

宇宙的溫度下降到 10 億度左右時，質子和中子會開始合併，結合成為稍微大一點的原子核。插圖中的 1～3 為這類反應的代表性例子。藉由這樣的「核融合反應」，宇宙中誕生了氦和鋰等元素（的原子核）。太陽之類的恆星，也是藉由核融合反應所產生的能量而發光。誕生 3 分鐘後的宇宙，整個宇宙都處於這種宛如太陽內部的狀態。

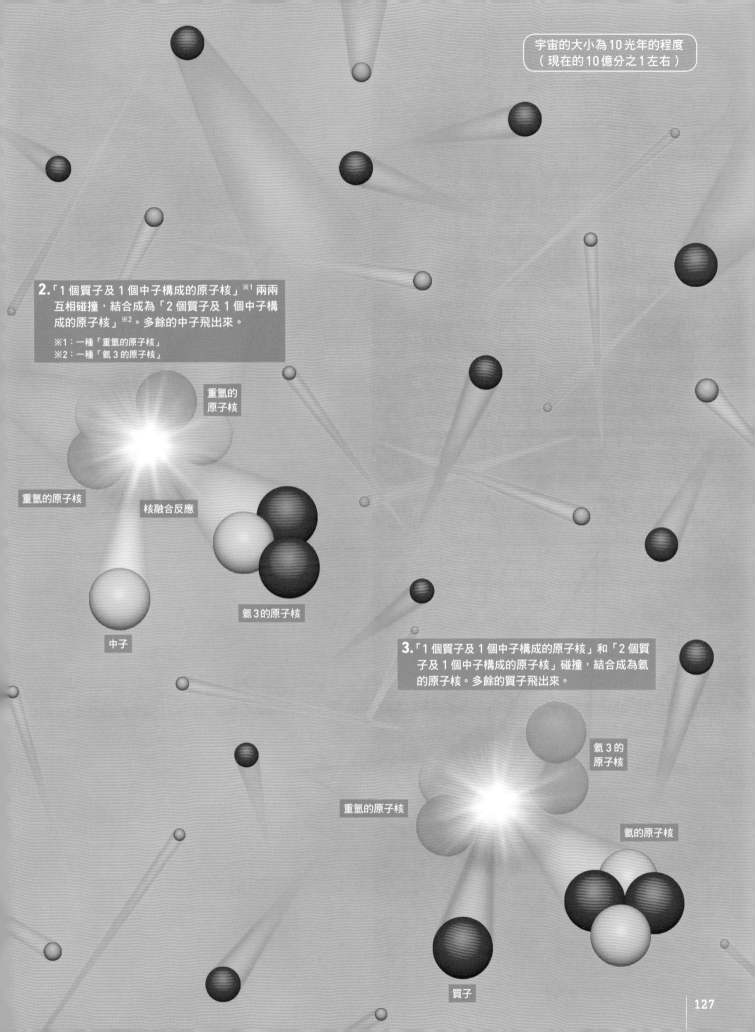

2.「1 個質子及 1 個中子構成的原子核」[1] 兩兩
互相碰撞，結合成為「2 個質子及 1 個中子構
成的原子核」[2]。多餘的中子飛出來。

[1]：一種「重氫的原子核」
[2]：一種「氦 3 的原子核」

重氫的
原子核

重氫的原子核

核融合反應

氦 3 的原子核

中子

3.「1 個質子及 1 個中子構成的原子核」和「2 個質
子及 1 個中子構成的原子核」碰撞，結合成為氦
的原子核。多餘的質子飛出來。

氦 3 的
原子核

重氫的原子核

氦的原子核

質子

127

「原子」終於誕生了

雖然藉由核融合反應而產生了氦的原子核,但此時的溫度還是太高,所以原子核和電子仍然各自在空間中飛竄(**1**)。

時光飛逝,在宇宙誕生的37萬年後,由於宇宙更加膨脹了,所以宇宙的溫度下降到3000度左右。

溫度下降,這意謂著,電子和原子核的飛行速度會變慢。電子帶著負電荷,原子核帶著正電荷,因此,速度變慢的電子會因為電的引力而被原子核「抓住」,於是在原子核的周圍繞轉(**2**)。這就是「原子」的誕生。**原子在宇宙誕生大約37萬年後終於誕生了。**

事實上,在這個時候還發生了另一件重要的大事。那就是原本霧茫茫的不透明宇宙變得透明了。

在原子誕生之前,光無法筆直行進。因為它會和在空間中自由地活蹦亂跳的電子相撞(**1**)。這個狀況和不透明的霧十分相似。霧是由無數的微細水滴聚集而成的集團。從霧的另一端射來的光,會與水滴相撞而無法筆直行進。這就是霧總是不透明,無法看透到另一端的原因。在原子誕生之前的宇宙,電子扮演著霧中水滴的角色,導致宇宙變得不透明。

但是原子誕生之後,在空間中自由飛行的電子消失了,讓光又能筆直行進※(**2**)。這個情況就相當於濃霧放晴了(微細水滴消失了)。宇宙到這個時候終於變得透明了,所以稱為**「宇宙的放晴」**。

※:這個時候的光能夠在現今的地球上觀測到。

1.原子誕生之前

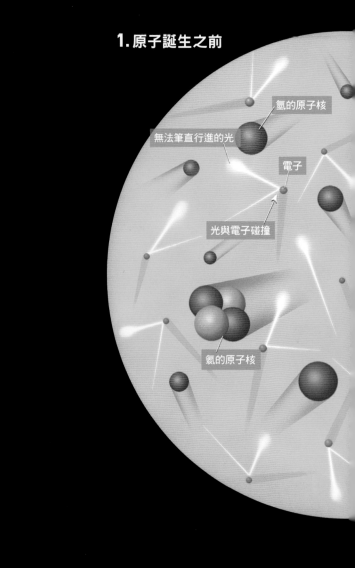

無法筆直行進的光

氫的原子核

電子

光與電子碰撞

氦的原子核

電子與原子核結合,原子誕生了

本圖所示為原子誕生前後的宇宙。在原子誕生之前,光被在空間內自由飛竄的電子所阻礙,無法筆直行進(**1.**不透明的宇宙)。但是,在宇宙誕生大約37萬年後,原子誕生了,於是光能夠筆直行進(**2.**透明的宇宙)。

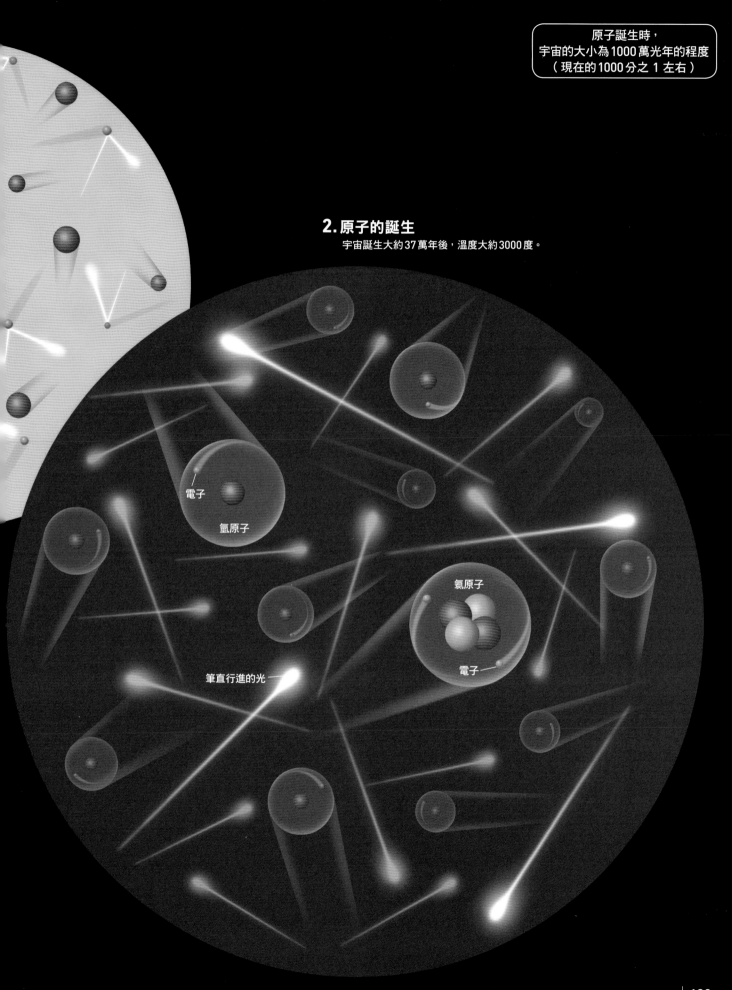

原子誕生時，
宇宙的大小為1000萬光年的程度
（現在的1000分之 1 左右）

2. 原子的誕生
宇宙誕生大約37萬年後，溫度大約3000度。

電子

氫原子

氦原子

電子

筆直行進的光

宇宙誕生
大約 3 億年
之際

沒有任何天體存在的「黑暗時代」

原子誕生之後，宇宙持續了大約 3 億年左右都沒有發生任何特別重大的變化。

在這個時代，當然沒有太陽之類的恆星，恐怕就連任何可稱之為天體的東西都沒有，所以把這個時代稱為**「宇宙的黑暗時代」**。這是一個幾乎只有氫氣和氦氣的世界。

這個時代也可以說是正在緩緩地塑造適合恆星和星系等天體誕生環境的時代。它的原動力就是**「引力」**（gravitation）。引力也稱為「萬有引力」，顧名思義，它是萬物（一切物體）都具有的引力。

氣體也具有極為微小的重量（質量），所以也能對周圍發揮引力的作用。如果氣體的分布是完全均勻，則永遠不會發生變化。但是在剛誕生不久的宇宙中，似乎具有非常微小的密度不勻（**1**）。

在氣體密度比周圍稍微高一點的區域，對周圍發揮的引力作用也會稍微高一點，於是把周圍的氣體吸引過來。這麼一來，密度更加提高，引力也更強，於是進一步從周圍吸引更多的氣體過來（**2**）。像這樣，使得宇宙中的氣體不勻一點一滴地成長起來※（**3**）。

在宇宙誕生大約 3 億年後，氣體較濃的區域會逐漸孕育出天體。關於這個孕育天體的機制，請詳閱從第132頁開始的「PART 2 天體的誕生」。　　　　　🪐

※：事實上，宇宙中有種「暗物質」（dark matter）的存在，本尊尚且不明，這種物質的引力可能對這個氣體不勻的成長具有很大的影響。

氣體的不勻一點一滴地成長

在剛誕生不久的宇宙中，物質（氫氣和氦氣）的密度有著些微的不勻（1）。物質密度較高的區域，引力比周圍強，所以會把周圍的物質吸引過來，使得密度更加提高（2）。物質的不勻就像這樣一點一滴地逐漸成長起來（3）。

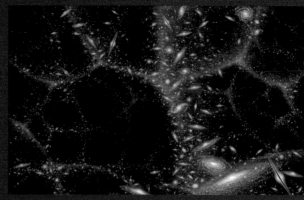

現在的宇宙的大尺度結構
星系分布成網眼一般的結構。幾乎沒有任何星系存在的空洞（巨洞）的規模廣達數億光年。初期宇宙的物質分布的不勻逐步成長的結果，造就了這樣的大尺度結構（詳見第96頁）。

2

3

宇宙最初的恆星「第一代恆星」終於誕生了

在 宇宙誕生大約 3 億年後，各個氣體較濃的區域產生了重量為太陽的100分之 1 左右的氣體團塊。這些氣體團塊是宇宙中第一批可稱為「天體」的東西，可以說是「恆星的種子」（原恆星）。

　　然後，這些恆星的種子在 1 萬年至10萬年這個以宇宙的歷史來看相當短暫的期間，從周圍吸引更多氣體過來聚集，逐漸成長為巨大的恆星，也就是**「第一代恆星」**（first star）。所謂的恆星，是指像太陽這樣會自行發光的天體，而其發光的能量則來自本身內部的核融合反應所產生的能量。

　　第一代恆星可能都是非常巨大的恆星[※]。日本東京大學理學系研究科吉田直紀教授表示，**第一代恆星的重量（質量）達到太陽的數十倍至100倍。**太陽的表面溫度為6000度左右，但第一代恆星估計達到10萬度。恆星的溫度越高，則顏色越偏藍白色，所以第一代恆星應該是散發出藍白色光芒吧！亮度可能有太陽的數十萬倍～100萬倍。

[※]：為什麼第一代恆星會這麼重呢？這個問題有點難度。若要點燃天體中心部分的核融合反應「火苗」，則氣體團塊必須藉由本身的重力而充分收縮，使中心部分成為高溫、高密度的狀態才行。但是在這個時代，只有氫和氦之類的輕氣體，這些氣體在形成天體時很不容易收縮。因此，必須集結大量的氣體，使質量及重力達到一定的程度，才能使天體中心部分成為高溫、高密度的狀態，這樣才能引發核融合反應。

發出藍白色光芒的巨大第一代恆星

插圖所示為第一代恆星的想像圖。左下方的太陽是用來對照它們的大小。第一代恆星的重量可能是太陽的數十倍以上，而半徑則為太陽的數倍。第一代恆星的溫度想必非常高，因而散發出藍白色光芒吧！

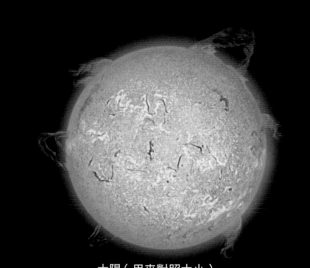

太陽（用來對照大小）
質量：1.99×10^{30} 公斤（大約地球的33萬倍）
赤道半徑：69 萬 6000 公里（大約地球的109倍）

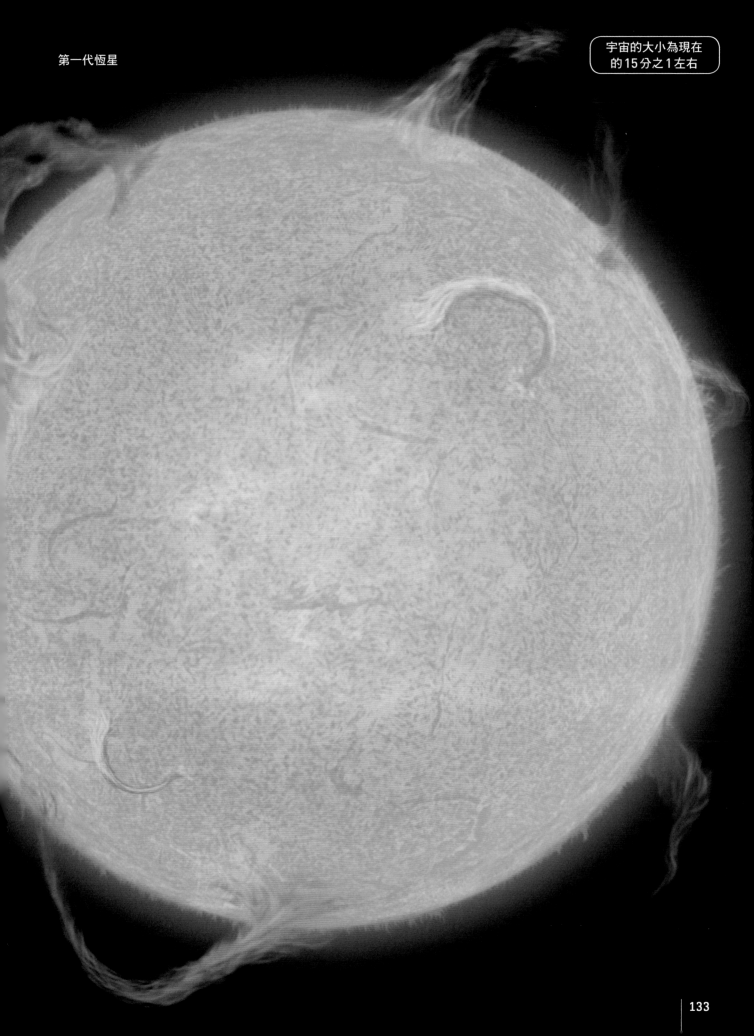

第一代恆星發生大爆炸，把許多種元素拋撒到宇宙中

第一代恆星的中心部位發生核融合反應，從氫（元素符號H）的原子核合成了氦（He）的原子核。中心部位的氫耗盡後，接下來是氦的原子核發生核融合反應，合成了碳（C）的原子核。

像這樣，**在恆星的中心部分，當較輕元素的原子核「燃燒殆盡」後，換成較重元素的原子核被用來做為核融合反應的燃料，從而合成更重元素的原子核。**恆星簡直就是宇宙的「元素製造工廠」。

此外，**恆星到了晚年會發生重大的變化。**恆星承受著朝收縮方向作用的引力，以及朝膨脹方向作用的氣體壓力，到了晚年，這兩種力失去平衡，於是**恆星膨脹起來。**以第一代恆星來說，半徑可能會膨脹到原來的100倍以上。

在膨脹起來的恆星的中心部分，一旦製造出鐵（Fe，原子序26）之後，核融合反應就會趨近於結束。因為鐵是最穩定的原子核，不會再進行下一步的核融合反應。接下來，**不再進行核融合反應的恆星會發生「超新星爆炸」，然後步向死亡。**第一代恆星可能是在誕生大約**300萬年後發生超新星爆炸。**

由於這樣的爆炸，各種元素被拋撒到宇宙中。在第一代恆星誕生之前，宇宙中只有氫和氦，如今增添了各式各樣的元素。接下來，**便以這些元素為基底，製造出第二代以後的恆星。**製造我們身體的元素，也是依照這樣的機制由恆星製造出來。

第二代以後的恆星大多是質量和太陽差不多或者更輕的恆星。這些輕恆星到了晚年並不會發生大爆炸，而是變成巨大的「紅巨星」，並且把大量氣體吹出來（第161頁）。

第一代恆星

到了晚年膨脹起來的第一代恆星

發生大爆炸而拋撒出許多種元素的第一代恆星

插圖所示為晚年膨脹的第一代恆星發生「超新星爆炸」的景象。第一代恆星藉由內部的核融合反應所製造出來的各種元素，在這次爆炸時被拋撒到宇宙中。此外，也有可能藉由超新星爆炸的驚人能量引發核反應，因而合成了在恆星內部無法合成的比鐵更重的元素。不過，根據近年來引力波（以空間伸縮的形式傳送的波）的觀測而逐漸得知，金及鉑之類等更重的元素，是藉由中子星（neutron star，由中子構成的高密度天體）的互相合併而誕生。

超新星爆炸

O 氧的原子核

Si 矽的原子核

C 碳的原子核

H 氫的原子核

He 氦的原子核

Fe 鐵的原子核

「黑洞」的誕生

第一代恆星發生大爆炸（超新星爆炸）之際，它的爆炸中心會殘留一個「黑洞」（black hole）。

所謂的黑洞，是指重力強大到能把一切東西，甚至連光也吞噬進來的球形[1]區域。物質和光一旦被吸進黑洞的境界面的內側，就無法再逃脫到境界面的外側。由於我們無法觀測到這個境界面的內側所發生的事件，所以把這個境界面稱為「事件視界」（event horizon）。第一代恆星所產生的黑洞大小可能達到30公里左右。

位於黑洞背後的恆星所傳來的光，被黑洞吞進去而無法從前面這一側出來，再加上黑洞本身也不會放出光，因此看起來就像在宇宙空間挖了一個黑暗的洞穴，所以稱之為黑洞[2]。

在黑洞的中心，理論上會有一個密度達到無限大的「點」，稱為「奇異點」（singularity）。這是原來的恆星中心部分物質由於本身重力而塌縮所形成的東西（參照右下方插圖）。以第一代恆星來說，理應會形成重量為太陽的10倍左右的黑洞，而它的重量全部集中在奇異點。

不只是第一代恆星，凡是重量為太陽20倍以上的恆星，在其生涯的最後階段都會發生超新星爆炸，並且殘留黑洞。在未來的宇宙歷史中，黑洞也會持續不斷地產生。

※1：旋轉的黑洞並非球形，而是扁平的形狀。
※2：黑洞在吞進氣體之際，那些氣體會變成高溫而放出光。最近，利用電波成功拍攝到這種光和黑洞本身的黑暗區域圖像。

在爆炸的中心殘留下來的黑洞

發生超新星爆炸之後，原來的恆星（第一代恆星）的外層氣體被吹飛，拋撒到宇宙空間，成為我們所觀測到的「超新星殘骸」（supernova remnant）。另一方面，在爆炸的中心，則殘留著原來的恆星中心部分物質的「餘燼」。恆星的中心部分由於本身的重力而塌縮成一個點，並且在其周圍形成黑洞。

恆星的中心部分塌縮而形成黑洞

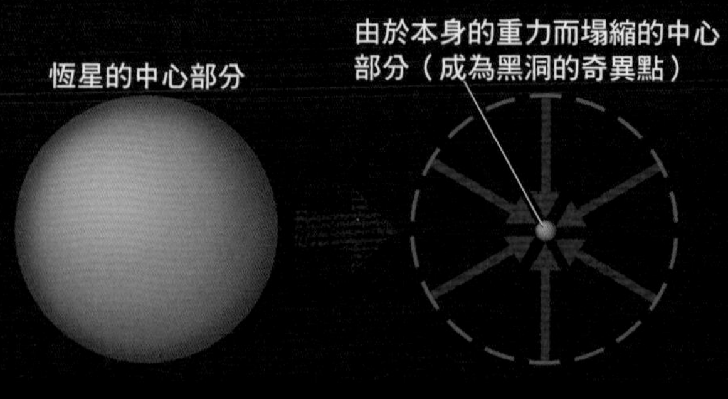

恆星的中心部分

由於本身的重力而塌縮的中心部分（成為黑洞的奇異點）

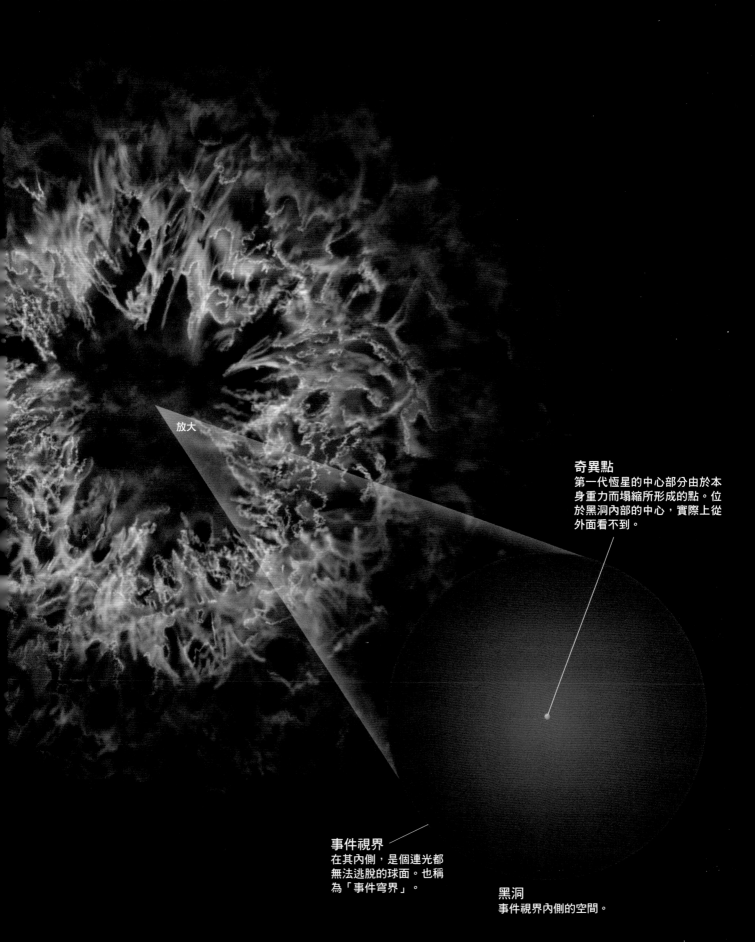

第一代恆星發生超新星爆炸的殘骸

放大

奇異點
第一代恆星的中心部分由於本身重力而塌縮所形成的點。位於黑洞內部的中心，實際上從外面看不到。

事件視界
在其內側，是個連光都無法逃脫的球面。也稱為「事件穹界」。

黑洞
事件視界內側的空間。

小型的星系種子反覆地合併而成長為巨大的星系

在 宇宙的黑暗時代成長起來的氣體濃密區
域中,也孕育出了「星系」(galaxy)。

太陽系所在的「銀河系」是由1000億~數
千億顆恆星聚集而成,直徑達到10萬光年。像
這種由眾多恆星所組成的天體,就是星系。不
過,究竟要有何等數量的恆星聚在一起才能稱
為星系,則沒有明確的定義。

星系的形狀,除了像銀河系這樣捲成螺旋的
圓盤形之外,還有球形、橄欖球形(橢圓
形)、不規則形等等。

宇宙中最初形成的星系,可能是由比較少數
的恆星所組成的「星系種子」(原始星系)。
究竟是多少數量的恆星在什麼時候組成的團
體,目前並不清楚。不過,根據天文觀測的結
果得知,在宇宙誕生大約 5 億年後,已經有可
以稱為星系的天體存在了。

星系可能是在歷經數億年至數十億年的歲月
之後,由小型星系逐漸「成長」為大型星系。
**鄰近的原始星系彼此之間會藉由引力而互相吸
引,反覆地發生碰撞和合併,進而漸漸成長為
巨大的星系。**

逐漸成長的星系
本圖所示為小型的原始星系(星系種子)互
相碰撞、合併,最終成長為大型星系的場景
(1~4)。

2. 碰撞、合併的原始星系

3. 進一步碰撞、合併的原始星系

4. 反覆合併而成長為巨大的星系

在星系的中心
有巨大的黑洞
形成

絕大多數星系的中心部分，可能都有一個巨大的黑洞存在。根據天文觀測的結果，它們的質量為太陽的100萬倍到10億倍的程度。它們的大小（即使光也無法脫離的區域）為半徑300萬公里至30億公里。30億公里，相當於太陽到天王星的距離。

根據天文觀測的結果得知，重量達到太陽10億倍的超大質量黑洞，在宇宙誕生大約 8 億年後已經存在了。恆星發生超新星爆炸之後所殘留的黑洞，質量為太陽的10倍左右。如此微小的黑洞，是透過什麼樣的機制，成長為現今在星系中心所看到的超大質量黑洞呢※？

詳細的過程，目前並不了解。不過，**大致上來說成長方法可能有兩種。第一種方法是黑洞彼此藉由引力而互相吸引，進而合併。另一種方法則是黑洞把周圍的氣體及恆星等物質吞進去。也有不少超大質量黑洞，一邊吞進周圍的氣體，一邊噴出強烈的噴流（jet）。這種天體稱為「活躍星系核」。**

根據天文觀測的結果得知，質量越大的星系，位於該星系中心的超大質量黑洞也越巨大。因此，超大質量黑洞與星系的成長之間可能具有密切的關係。

※：最近，也發現了重量為太陽100倍以上的中等規模的黑洞（中等質量黑洞）。此外，也利用「引力波」發現了重量為太陽數十倍以上的黑洞正在互相合併的場景。不過，無論如何，這些中小型規模的黑洞如何成長為星系中心的超大質量黑洞，仍然是一個謎。

星系中心的黑洞藉著合併或吞進氣體而越來越巨大

本圖所示為黑洞越來越巨大的過程。成長的方法不只一種，有些可能是黑洞互相合併（1），有些可能是吞進物質（2）。不過，關於「星系裡面的非常微小的黑洞如何能夠反覆地碰撞、合併」、「被吞進去的氣體來自什麼地方、以何種方式供應」、「為何絕大多數星系裡的超大質量黑洞都只有位於中心的一個」等諸多細節，目前尚不十分清楚。

被黑洞吸引過來的氣體一邊旋轉一邊掉落，因此形成了圓盤狀的結構。

1. 黑洞與黑洞的合併

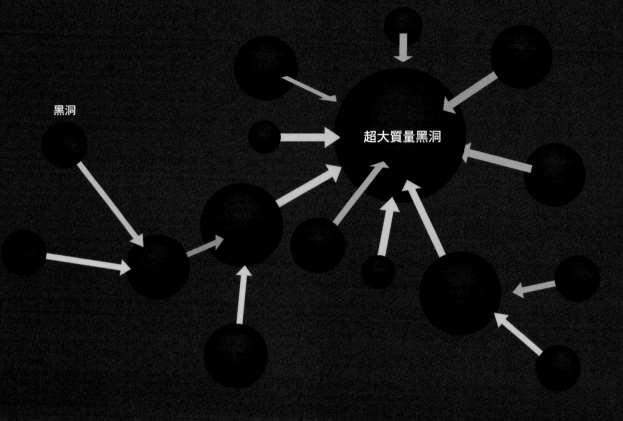

黑洞

超大質量黑洞

2. 吞進周圍的氣體

超大質量黑洞

被黑洞吞進去
的物質

從原始太陽周圍的氣體與宇宙塵所形成的圓盤中孕育出眾行星

在 宇宙誕生大約 3 億年後，第一代恆星誕生了，在這之前，宇宙中只有氫和氦。氫和氦都是氣體，所以**初期宇宙中甚至連宇宙塵（岩石及冰等微粒子）都沒有。**

但是，恆星誕生之後，便藉由核融合反應製造出重元素（第134頁）。重元素由於恆星爆炸等因素，被拋撒到宇宙中。宇宙中的重元素越來越多，於是逐漸產生了由岩石及冰組成的宇宙

塵。**這樣的宇宙塵便成為構成「行星」的基本原料。**

也就是說，至少，在第一代恆星的周圍，並沒有像地球這樣由固體構成的行星存在。與地球類似的行星，最早也要到第二代以

1. 原行星盤

原恆星

原行星盤

2. 孕育出微行星的原行星盤

原恆星

後的恆星，才會在其周圍誕生。

我們來看看行星形成的過程吧！首先，宇宙空間中的氣體比較濃密的部分藉由本身的重力而收縮，誕生了原始的恆星。而在原恆星的周圍，形成了由氣體和宇宙塵所組成的圓盤，稱之為「原行星盤」。圓盤中的宇宙塵會互相碰撞、合併，形成了直徑數公里至數十公里的「微行星」

（planetesimal）。這些微行星進一步碰撞、合併，於是形成了行星。

不過，**在現今的宇宙中，可能有一半以上的恆星是以「聚星」的形態誕生**。所謂的聚星，是由兩顆以上的恆星互相繞著對方旋轉所組成。聚星誕生之際，可能其周圍也會有圓盤形成，並從其中孕育出行星。這樣的行星應該

能夠看到兩顆甚至更多顆「太陽」吧！

太陽系是在宇宙誕生的92億年後，也就是距今46億年前誕生。原始太陽的周圍有圓盤形成，從其中孕育出包含地球在內的眾行星。

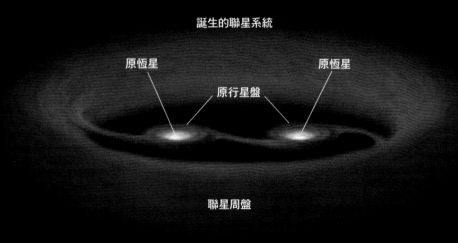

太陽系誕生時的宇宙大小為現在的70%左右

誕生的聯星系統

原恆星

原行星盤

原恆星

聯星周盤

聚星系統也會有星周盤形成

在現今的宇宙中，大約一半以上的恆星並非單獨誕生，而是以「聚星」的形態誕生。聚星是由兩顆或更多顆恆星互相繞轉所組成。除了在各顆恆星的周圍會形成星周盤之外，在較遠的地方也會形成把整個聚星系統圍繞起來的圓盤，稱為「聚星周盤」（circummultiple disc）。任何一種星周盤都有可能孕育出行星。

在恆星的周圍形成「原行星盤」

氣體較濃密的部分藉由本身的引力而收縮，形成原恆星和原行星盤。成為恆星原料的氣體或多或少在旋轉著，氣體一旦收縮，旋轉速度會逐漸增加。這和滑冰做自旋動作時，把手臂靠近身體（把旋轉半徑縮小）則旋轉速度會增加，是一樣的原理（角動量守恆原理）。旋轉的速度增加，則朝旋轉的外側（與旋轉軸垂直的方向）作用的「離心力」會變大，使得這個方向的收縮變得比較不容易，於是形成了扁平的圓盤（1）。在圓盤內，宇宙塵互相碰撞、合併，形成直徑數公里至數十公里的「微行星」（2）。這些微行星進一步碰撞、合併，最終形成了行星。

行星是如何誕生的呢？

在氣體及宇宙塵所形成的原行星盤中，靠近恆星的地方溫度較高，水只能以氣體的狀態存在。構成行星的原料，亦即星周盤中的宇宙塵，是以岩石及金屬為主要成分，因此形成了地球這樣的「**岩石行星**」。

另一方面，距離恆星比較遠的地方，溫度比較低，所以水能以固體狀態的冰存在。由於加上了冰，使得行星的原料大量增加，所形成的原行星也比較大。原行星藉由強大的引力把周圍的氣體吸引過來，使自己越來越巨大。於是，大量的氣體堆積在巨大的核（原本為原行星）上，便形成了像木星（質量為地球的318倍）這樣的「**氣態巨行星**」。

星周盤的氣體會不斷地墜落到中心的恆星，數百萬年後便消耗光了。所以，如果離恆星太遠，原行星的成長就會比較慢，導致無法從周圍吸引到足夠的氣體來壯大自己。結果，便形成了像天王星（重量為地球的15倍）這樣的「**冰巨行星**」。以上所述，是為了說明太陽系的起源而假設的行星系形成的腳本。

近年來的天文觀測，在太陽以外的恆星周圍發現了許多行星，這種位於太陽系外面而不是繞著太陽公轉的行星，稱為「太陽系外行星」（extrasolar planet）或簡稱「系外行星」（exoplanet）。截至2021年4月1日，已經確認了 4,704顆系外行星※。其中**包括了緊貼著恆星公轉的氣態巨行星「熱木星」（hot Jupiter）、在極端橢圓軌道上運行的「偏心行星」（eccentric planet）等等，和太陽系的諸行星迥然不同。**

這些行星可能在經由上述的過程形成之後，從原來的位置「移動」了。究其原因有好幾種說法，例如，有可能是因為多顆原行星互相發揮引力作用的結果，使得軌道錯亂，導致從原來誕生時的位置移到了後來被觀測到的軌道上。不過，確實原因尚待調查。

※：依據「太陽系外行星百科」（The Extrasolar Planets Encyclopaedia）的網站http://exoplanet.eu/catalog/。

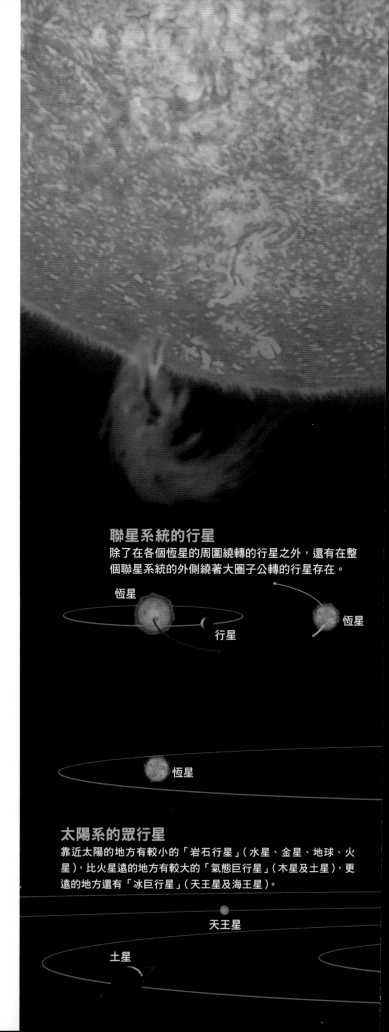

聯星系統的行星
除了在各個恆星的周圍繞轉的行星之外，還有在整個聯星系統的外側繞著大圈子公轉的行星存在。

恆星

恆星

行星

恆星

太陽系的眾行星
靠近太陽的地方有較小的「岩石行星」（水星、金星、地球、火星），比火星遠的地方有較大的「氣態巨行星」（木星及土星），更遠的地方還有「冰巨行星」（天王星及海王星）。

天王星

土星

形形色色的行星

近年來，在太陽系以外的地方，發現了許多性質與太陽系的行星大異其趣的行星。例如在恆星近旁公轉的氣態巨行星「熱木星」、在極端橢圓軌道上公轉的「偏心行星」等等。由於這些發現的影響，天文學家們目前正把「太陽系形成論」加以擴大，對這些行星系的形成機制進行理論上的探討。

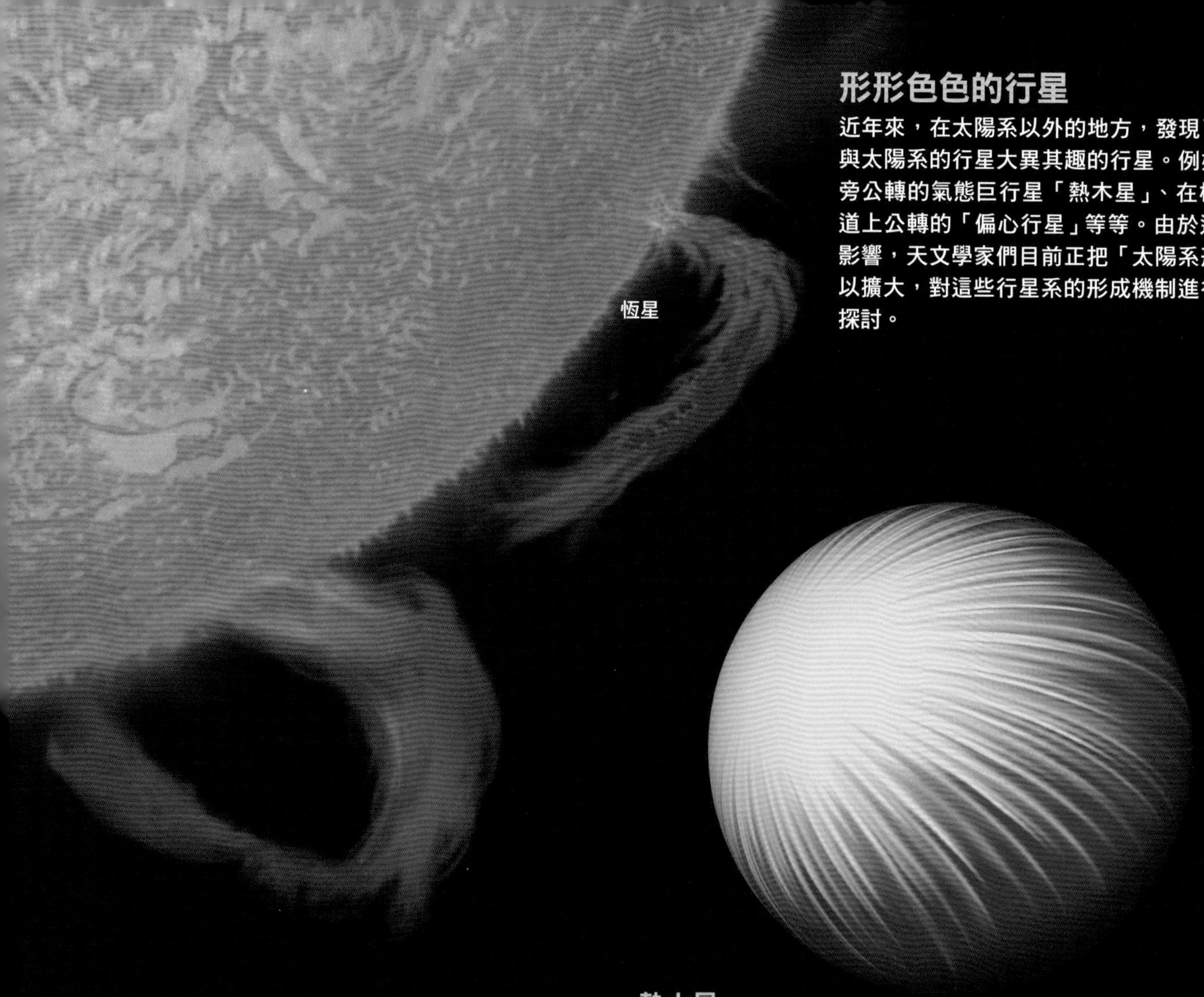

恆星

熱木星

在恆星的近旁（太陽與地球平均距離的10分之1以下的程度）繞轉的氣態巨行星。可能永遠以同一側朝向恆星而公轉。因此，朝著恆星的正面被恆星強烈且持續加熱，導致強風一直吹向行星背面，因而形成了類似西瓜的條紋模樣。除了本文介紹的說法之外，也有「受到朝恆星落下的氣體拖拉，因此從形成的地方墜落到中心附近」等等的說法。

偏心行星

由於太陽系外的觀測而發現擁有極端橢圓形軌道的行星。

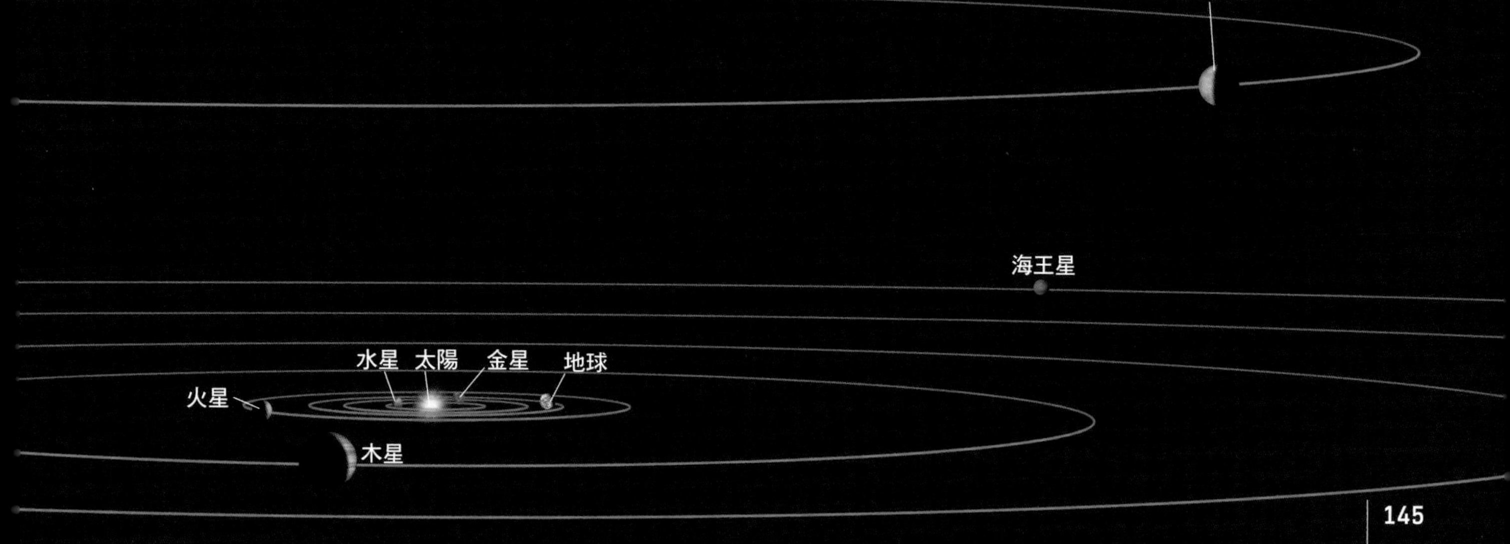

海王星

水星　太陽　金星　地球

火星

木星

最初誕生的恆星

第一次觀測到宇宙中最初誕生恆星的痕跡！

第一代恆星可能誕生於宇宙誕生僅 1 億 8000 萬年時

根據當今的宇宙論，可能是在宇宙誕生 1～3 億年間，開始有恆星誕生。這些恆星稱為「第一代恆星」。利用現在的技術還無法觀測到第一代恆星本身。不過，這次有報告指出，藉由觀測宇宙傳來的電波，成功地偵測到它的痕跡。這項成果發表在2018年 3 月 1 日的《自然》（*Nature*）期刊。

協助｜**吉田直紀**
日本東京大學大學院理學系研究科物理學專攻教授

宇宙最初的恆星是在什麼時候以什麼方式誕生呢？請看看宇宙的歷史吧！距今大約138億年前，宇宙誕生（大霹靂），隨即開始膨脹。在宇宙誕生大約3分鐘後，電子、質子（氫原子核）、氦原子核等粒子在宇宙空間到處飛竄。

在大霹靂發生大約 37 萬年後，宇宙已經冷卻到了一定的程度，於是原子核和電子結合，構成了氫原子和氦原子。這些氫原子及氦原子的氣體聚集在一起，在大霹靂後1～3 億年間，孕育出了「第一代恆星」。

偵測到殘留著第一代恆星痕跡的電波！

在觀測宇宙時，由於天體的光需要耗費時間才能傳抵地球，所以，看到越遙遠的地方就相當於

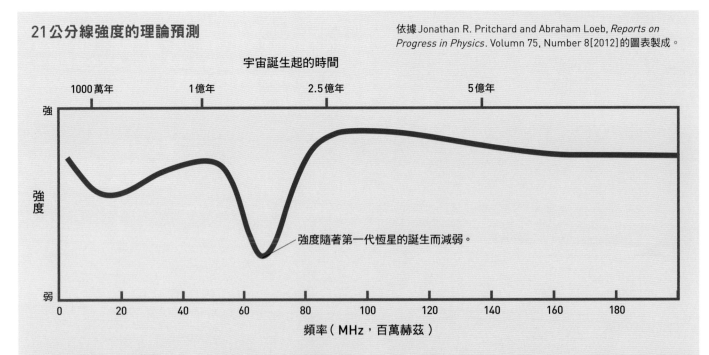

21公分線強度的理論預測

依據 Jonathan R. Pritchard and Abraham Loeb, *Reports on Progress in Physics*. Volumn 75, Number 8[2012] 的圖表製成。

宇宙誕生起的時間

| 1000萬年 | 1億年 | 2.5億年 | 5億年 |

強

強度

弱

強度隨著第一代恆星的誕生而減弱。

0　20　40　60　80　100　120　140　160　180

頻率（MHz，百萬赫茲）

21公分線強度變化的理論預測圖。根據預測，當第一代恆星誕生時，21公分線的強度會減弱。21公分線放出的時代越古老，則越會受到宇宙膨脹的影響，導致頻率（橫軸）降得越低。這次實際觀測到，強度在78百萬赫茲的頻率處減弱到最低。後來可能是因為受到第一代恆星放出的光的照射，氫氣被加溫，才使得21公分線的強度再度增加。

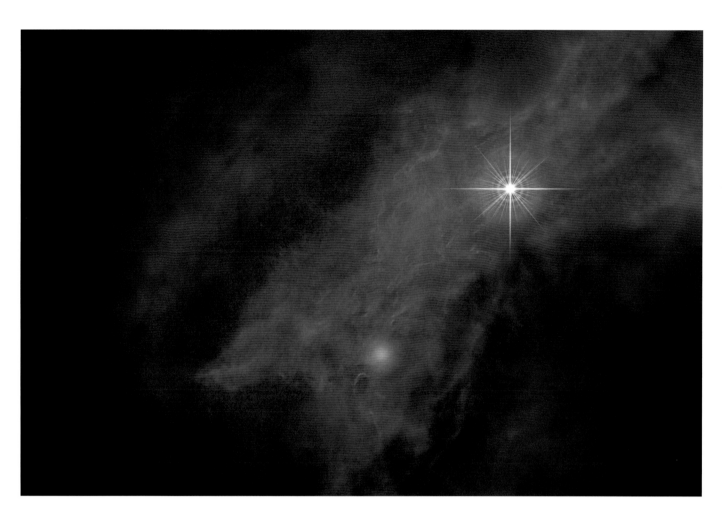

看到越古老的宇宙。第一代恆星誕生時的宇宙，一定距離地球非常遙遠，因此利用目前的技術幾乎不可能直接觀測到第一代恆星本身，甚至連它們的痕跡都未曾確認過。

不久之前，美國亞利桑那州立大學的鮑曼（Judd Bowman）教授等人發表了一篇論文，宣布他們成功地偵測到了殘留著第一代恆星痕跡的電波。這種電波稱為「21公分線」，21公分線是指在宇宙中大量存在的氫原子所釋放出來的電波，剛放出時的波長（電波的波峰至下一個波峰的長度）為21公分，從宇宙的四面八方傳到地球上。

依據理論進行計算的結果，預測宇宙中誕生第一代恆星的時候，宇宙空間中的氫原子會因為

受到恆星放出的紫外線照射而改變狀態，導致放出21公分線的量減少（左邊的圖表）。鮑曼教授等人使用獨自的電波望遠鏡，實際觀測到這個21公分線的減少。

推定第一代恆星誕生時期的方法

在越古早的時代所放出來的21公分線，越會受到宇宙膨脹的影響而拉得越長，使得頻率（1秒鐘振動的次數）降得越低。也就是說，依據頻率的高低，可以推知是在什麼時代放出來的21公分線。這次，依據21公分線頻率降低的情況，判斷第一代恆星可能誕生於大霹靂發生後大約1億8000萬年時。

此外，鮑曼教授等人所觀測到21公分線的減少量，竟然達到理

論預測值的2倍。如果這個數值正確，則宇宙初期的氣體溫度可能比原先的預估還要低，諸如此類的情形有可能導致關於宇宙演化的理論必須重新檢討。

從事第一代恆星理論研究的日本東京大學吉田直紀教授說明：「這次的觀測結果非常精彩，讓我覺得探索最初期宇宙的研究，實際邁出了第一步。只是，這個電波非常微弱，所以關於它的減少量，還必須等待其他團隊的觀測結果，再來進行探討。」

（撰文：荒舩良孝）

金和鉑是由於「中子星」的合併而製造出來的元素？

利用引力波和光闡明的「元素誕生的故事」

全球最權威的論文期刊之一《科學》（*Science*）在每年12月底都會發表「年度突破」，選出10則該年度最具革新性的科學新聞。2017年的第一名是「首次觀測到兩個中子星碰撞、合併的現象」。讓這項觀測得以實現的，是有「時空漣漪」之稱的「引力波」。而這次的觀測成果則是和闡明「各式各樣的元素是在宇宙的什麼地方製造出來的呢？」這個深奧的謎題有關。金、鉑、稀土金屬、鈾之類的重元素很有可能是在中子星這種天體互相碰撞、合併之際製造出來的。

玉川 徹
日本理化學研究所開拓研究本部玉川高能宇宙物理研究室主任研究員

協助

和南城伸也
德國馬克斯・普朗克重力物理學研究所資深研究員

櫻井博儀
日本理化學研究所仁科加速器科學研究中心中心長・RI物理研究室室長

中子星聯星的碰撞與千新星（kilonova）

中子星聯星

噴流

中子星互相碰撞

引力波的想像圖

揭開天文學新時代
的序幕

終於開拓了組合引力波和光（電磁波）的天文學

1916年，愛因斯坦依據廣義相對論這個引力理論，預言了存在「引力波」（gravitational wave）這種謎一般的波。所謂的引力波，是指天體在運動時，周圍的時空（時間與空間）會產生扭曲，這種扭曲有如漣漪一般以光速在宇宙空間內傳播的現象。2015年9月14日，美國的引力波望遠鏡「LIGO」（Laser Interferometer Gravitational-Wave Observatory，雷射干涉引力波天文台）首次觀測到這種引力波，距離愛因斯坦提出這項預言經過了大約100年。

其後，引力波又被觀測到許多次，但都是組成聯星系的兩個黑洞碰撞、合併所放出的引力波。這些黑洞的質量為太陽的8～36倍，發生場所距離地球13億～30億光年。這些觀測帶給科學界非常大的衝擊，所以在首次觀測到引力波之後僅僅2年的2017年10月3日，美國的韋斯（Rainer Weiss）、巴瑞許（Barry C. Barish）、索恩（Kip S. Thorne）三位研究者就因為這方面的成就而獲頒諾貝爾物理學獎。

而在諾貝爾物理學獎發表之後僅僅2個星期的10月16日，LIGO和歐洲的引力波望遠鏡「Virgo」（Virgo Interferometer，室女座干涉儀）的合作觀測團隊宣布：「8月17日成功偵測到組成聯星系的兩個『中子星』碰撞、合併所放出的引力波。」這個引力波源「GW170817」距離地球大約1.3億光年。中子星的主要成分為「中子」，這是構成原子核的粒子之一，電中性。中子星雖然重量為太陽的1～2倍，但直徑只有20公里左右，因此每一立方公分（1cc）的質量達到10億公噸。這次觀測到的兩個中子星的質量為太陽的1.2～1.6倍。

黑洞的引力十分強大，就連光也會被吸進去。因此，黑洞合併時不會放出光，只會放出引力波。但是，中子星合併時，由於碰撞使得物質受到拉扯，或被加熱，所以在放出引力波的同時，也會放出光（電磁波）。事實上，這次的觀測動用了包括太空望遠鏡在內的全世界的望遠鏡，觀測了包括伽瑪射線、X射線、紫外線、可見光、紅外線、電波等多個波段的電磁波。像這樣，把引力波和電磁波（光）等的觀測組合在一起的天文學，稱為「多信使天文學」（multi-messenger astronomy）。這次的觀測最重要的意義，可以說是開拓了這個嶄新的天文學領域吧！

第一次實證了引力波是以光速行進

以往所看到的黑洞合併有一個特徵，就是引力波的頻率（每1秒鐘的振動次數，單位為赫茲）會在合併大約1秒前的時間點急遽上升。另一方面，這次的中子星合併，則是從合併大約100秒前就開始偵測到了引力波。最初的頻率是20赫茲左右。這意謂著，兩個中子星是以1秒鐘10次的速度在互相繞轉。這個時候，中子星之間的距離為400公里左右，但隨後距離逐漸拉近，旋轉速度也逐漸加快，在合併的10秒前提高

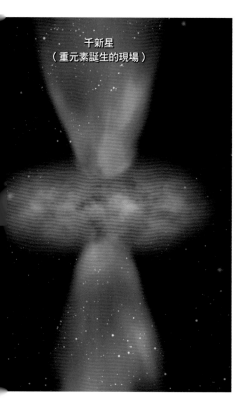

千新星
（重元素誕生的現場）

中子星聯星一邊放出引力波一邊緩緩接近，最後發生碰撞和合併。在合併之際，可能會合成各種重元素。最右邊的想像圖是周圍的物質被合併時釋出的能量加熱，因此放出紅外線或可見光而發亮的現象，稱為「千新星」。紅色的甜甜圈狀部分是以放出紅外線為主而發亮的「紅色千新星」，藍色部分是以放出可見光為主而發亮的「藍色千新星」。

到60赫茲，在合併的瞬間提高到2000赫茲。

接著，在合併的1.7秒後，費米伽瑪射線太空望遠鏡（Fermi Gamma-ray Space Telescope）觀測到「短伽瑪射線暴」（short gamma-ray burst）。所謂的伽瑪射線暴（Gamma-ray burst），是指在短時間內檢測到大量伽瑪射線的天文現象，有人認為它是宇宙中最大等級的爆炸現象。其中，持續時間未滿2秒的稱為「短伽瑪射線暴」，超過2秒的稱為「長伽瑪射線暴」（long gamma-ray burst）。

「其實，在引力波抵達1.7秒後觀測到伽瑪射線，這件事具有非常重大的意義。」說這句話的人，是使用X射線．伽瑪射線天文衛星研究中子星及黑洞等高能天體現象的日本理化學研究所開拓研究本部玉川高能宇宙物理研究室的玉川徹主任研究員。

伽瑪射線是光的同類（電磁波），因此是以自然界最快的光速（秒速約30萬公里）行進。愛因斯坦預言了「引力波以光速行進」，但是以往發現的黑洞合併並未能證明這一點。引力波和伽瑪射線抵達地球的時刻只相差1.7秒，這代表它們在幾乎同時產生之後，花了長達1.3億年的時間朝地球行進的結果，只有相差1.7秒而已。換句話說，這項觀測結果以非常高的精密度實證了引力波是以光速行進。「原本也有引力波不是以光速行進的理論模型。這樣的想法單憑這一次的觀測就被推翻了。愛因斯坦真的是非常偉大啊！」（玉川主任研究員）

此外，伽瑪射線暴的持續時間很短，立刻就消失了，所以很難確定它在什麼地方發生。雖然已經查明了長伽瑪射線暴的來源天體是引力崩塌型超新星爆炸（後述），但短伽瑪射線暴的來源天體則長期以來始終不明。這次的觀測顯示它可能源自中子星合併。

匯聚人類智慧的大觀測

中子星合併所產生的引力波和電磁波的觀測是如何進行的呢？最初，引力波望遠鏡LIGO的研究團隊認為，中子星合併在一開始能夠觀測到引力波，後續應該也能觀測到電磁波吧！因此，當2000年代啟用LIGO的時候，便開始招募在偵測到引力波時能進行電磁波觀測加以追蹤的研究者，藉此和全世界的研究團隊建立後續追蹤體制，稱為「全球瞬變現象聯測網」（縮寫為GROWTH）。日本方面，國際太空站搭載的X射線觀測裝置「MAXI」的團隊和國立天文台、東京大學、廣島大學等組成的「J-GEM」團隊等也加入這個行列。台灣則以科技部計畫補助下之葉永烜院士、饒兆聰教授、俞伯傑博士及鹿林天文台所組成之團隊，透過科技部長期補助之探高計畫（TANGO）及參與台美雙邊PIRE國際合作計畫的機會加入。

LIGO的觀測團隊在偵測到引力波之後，立刻將引力波源天體的約略位置（方向）以及它到地球的距離等資訊傳送給全球各國的90個研究團隊。引力波的觀測雖然能夠知道它與地球之間的距離，但很難確定它在天球上的哪個位置。各個研究團隊馬上進入利用電磁波探索目標天體的觀測態勢，最後總共有包括地面和太空的70架望遠鏡及觀測裝置一齊朝向引力波源的方向。在偵測到引力波的11個小時後，位於南美洲智利的拉斯坎帕納斯天文台

實證了引力波以光速行進的觀測結果

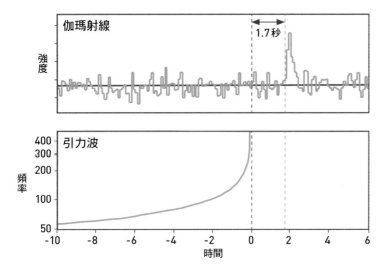

下方為「GW170817」傳來的引力波的觀測結果。合併的10秒前，頻率為60赫茲。合併大約1秒前，急速上升，在合併的瞬間上升到2000赫茲。上圖為費米觀測衛星偵測到的伽瑪射線強度（以光速行進）。在合併1.7秒後持續大約1秒鐘的期間，偵測到高強度的伽瑪射線。這項觀測結果以高精密度實證了引力波是以光速行進。

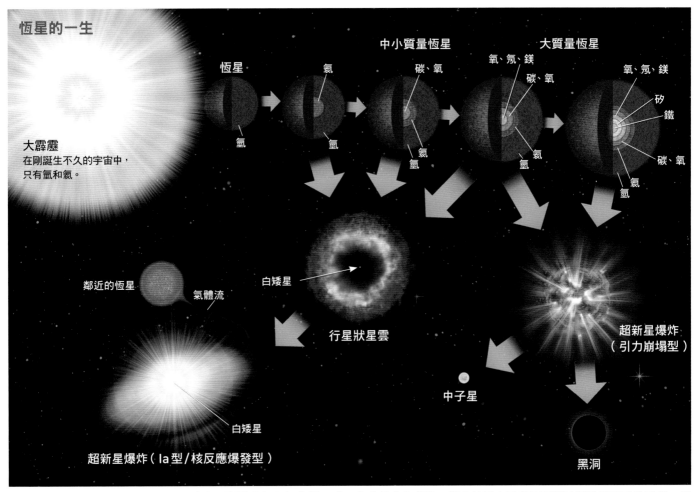

恆星的一生

大霹靂
在剛誕生不久的宇宙中，
只有氫和氦。

恆星

中小質量恆星

大質量恆星

氫 氦 碳、氧 氧、氖、鎂 氧、氖、鎂
碳、氧 碳、氧
矽
鐵
碳、氧
氫 氦 氦 氦
氫

鄰近的恆星
氣體流
白矮星
行星狀星雲

白矮星
超新星爆炸（Ia型／核反應爆發型）

超新星爆炸
（引力崩塌型）

中子星

黑洞

恆星是由大約138億年前發生大霹靂之際所製造的氫和氦集結而成。在它的中心部分，藉由核融合反應而不斷地製造出更重的元素。恆星晚年的命運依其質量而有很大的不同。質量為太陽8倍以下的中小質量恆星會平靜地迎接死亡（殘留白矮星和行星狀星雲），質量為太陽8倍以上的大質量恆星則大多會發生劇烈的爆炸（引力崩塌型超新星爆炸）而死去。此外，如果白矮星附近有恆星而兩者組成聯星系，則有些會發生Ia型超新星爆炸。

（Las Campanas Observatory）的斯沃普望遠鏡（Swope Telescope）利用可見光，在長蛇座方向上的星系NGC4993裡面，發現了這次引力波源的天體AT 2017gfo。

以此為開端，全世界的研究團隊從伽瑪射線到電波的各個波段，進行了大規模的觀測。觀測成果彙整成一篇標題為「聯星中子星合併的多信使觀測」（Multi-messenger Observations of a Binary Neutron Star Merger）的論文，由大約3500位作者共同

發表於2017年10月20日出版的《天文物理期刊》（The Astrophysical Journal）。在這個領域中，由如此多位作者共同發表的論文可謂絕無僅有。由於這項觀測非常重要，為了留下詳細的紀錄，所以才有這篇所謂的紀錄論文。另外還有關於這項觀測結果的80篇解釋論文，則在10月17日一齊在Nature、Science等多本刊物上發表。在天文宇宙物理領域中，如此多篇的論文在一天之內同時發表，也是史上頭一遭。

元素誕生的故事

我們是由「恆星碎屑」所構成的！

這個事件的重要成果之一，就是「逼近了重元素起源之謎」。在進入這個話題之前，我們先來解說一下，在宇宙的歷史中，究竟是如何製造出各種元素吧！

在最新的週期表上，登錄了原子序1的氫H（以下，各個元素名稱後面的英文字母表示元素符號）到原子序118的Og等元素。原

子序是指原子核內的「質子數」。質子為帶正電的粒子，和電中性的中子共同構成原子核。元素的種類只依原子序來決定，隨著原子序越來越大，元素（的原子）越來越重（以下，元素符號後面的括弧內的數字表示原子序）。

週期表上的氫H（1）到鈾U（92）的元素大多數是從地球上存在的物質中發現的天然元素，其他的元素則是人工合成的人造元素。事實上，製造出大約80種天然元素的地方，就是恆星所在的宇宙。也就是說，我們的身體和周遭的物質全部都是由「恆星碎屑」所構成。

宇宙在大約138億年前由於大霹靂而誕生，但是當時形成的元素只有氫H（1）、氦He（2）、鋰Li（3）之類的輕元素而已。這些元素逐漸聚集，後來形成了太陽這樣的恆星。在恆星的中心部分，發生原子核碰撞、合併的「核融合反應」，藉此製造出更重的元素。恆星到了晚年時期開始膨脹，半徑擴大到原來的100倍以上，成為「紅巨星」。紅巨星是稀薄氣體的巨大集合體，外側的氣體會慢慢地逃逸到宇宙空間。

恆星最後迎接死亡的方法，依它的質量而有很大的不同。質量為太陽8倍以下的恆星（中小質量恆星），會平靜地迎接死亡，不斷地把氫H（1）、氦He（2）、碳C（6）、氮N（7）等元素拋撒到宇宙空間，最後只在中心殘留一個高密度的小型「白矮星」。在它的周圍，則留下受白矮星照射而散發出華麗光輝的「行星狀星雲」。

藉由「超新星爆炸」把許多種類的元素拋撒出來

那麼，質量為太陽8倍以上的恆星（大質量恆星）又是如何呢？一般而言，越重的恆星，其內部的核融合反應會進行到合成越重的元素才停止。不過，一般的核融合反應所合成的元素只到鐵Fe（26）為止。這是因為鐵Fe（26）的原子核在所有元素之中最為穩定，在恆星裡面無法進行下一步的核融合反應。

大質量恆星在中心部分合成了鐵Fe（26）之後，燃料就會耗盡，接著迎來「引力崩塌型超新星爆炸」（Gravitational-collapse supernova explosion）的壯麗死亡。這種爆炸的亮度足以匹敵由1000億顆恆星聚集組成的星系的光輝。由於這個爆炸，不僅構成恆星的元素，還有藉由爆炸的衝擊波所製造出來的多種元素，全都被拋撒到宇宙空間。順帶一提，質量為太陽20～30倍的大質量恆星在爆炸後會殘留一顆中子星，而更重的恆星則是殘留一個黑洞。

超新星爆炸還有其他的類型。如果白矮星的附近有恆星存在，兩者可能組成聯星系。在這樣的聯星系中，恆星的氣體會流向白矮星，使得白矮星逐漸增加重量。一旦增重到某個限度，便會引起爆發性的核反應，繼而發生「Ia型（核反應爆發型）超新星爆炸」（Type Ia supernova explosion），這種大爆炸的威力足以把整個白矮星吹散。Ia型超新星爆炸會合成大量的鐵Fe（26）、鉻Cr（24）、錳Mn（25）、鈷Co（27）、鎳Ni（28）等與鐵同類的元素。順帶一提，也有人主張，Ia型超新星爆炸不是因為白矮星增重所引發，而是和後面將會述及的中子星聯星一樣，因為白矮星聯星的碰撞、合併所引發。

會改變元素種類的「貝他衰變」

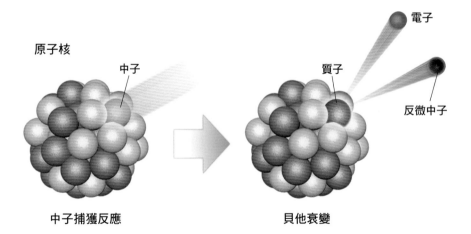

原子核　中子　　　　　　　　　　　電子

　　　　　　　　　　　　質子

　　　　　　　　　　　　　　反微中子

中子捕獲反應　　　　　　　貝他衰變

比鐵重的元素無法藉由一般的核融合反應製造出來，必須是原子核捕捉到飛過來的中子（左）之後引發「貝他衰變」（右），這樣的事件反覆發生才能製造出來。所謂的貝他衰變，是指原子核內的中子轉變成質子的現象。元素的種類依據質子的數量而決定，所以貝他衰變會導致轉變成不同的元素。還有，在發生貝他衰變之際，會放出電子（貝他射線）和反微中子。

週期表與元素的起源

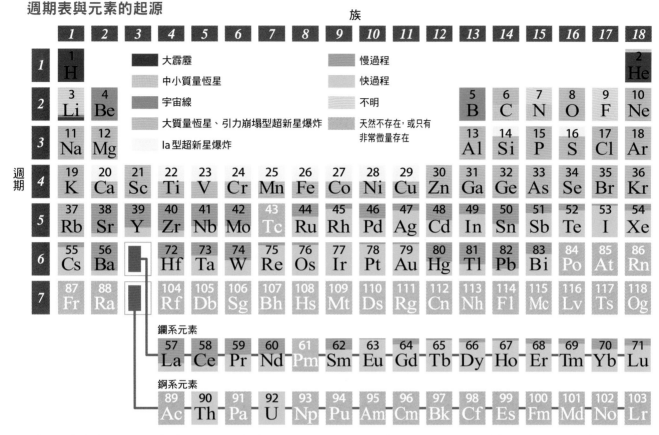

本週期表依據各種元素在什麼地方、經由什麼過程合成的觀點，分別塗上不同顏色（細節請參照本文）。塗上多種顏色的元素，表示有多個起源，並以面積大小表示各個起源的比例。所謂的宇宙線，是指宇宙空間中的放射線，宇宙線照射到物質時，有些會和原子核起反應，而製造出不同元素的原子核。

比鐵重的元素是如何形成的？

若要合成比鐵Fe（26）重的元素（以下稱為「重元素」），需要與先前所述的核融合反應不一樣的方法，那就是「中子捕獲反應」（neutron capture reaction）及隨繼發生的「貝他衰變」（beta decay）（左邊插圖）。

原子核帶正電，如果要發生核融合反應，必須原子核彼此猛烈相撞，才能克服電荷斥力。但是中子為電中性，中子在撞上原子核而結合之際，並不會受到電荷斥力。

因此，在周圍有許多中子不斷撞上原子核的狀況下，會製造出中子數相對於質子數過多的原子核（中子過多核），這種情形稱為中子捕獲反應。由於中子過多核並不穩定，所以中子會轉變成質子（此時也會放出電子和反微中子），這種情形就是貝他衰變。結果，因為增加了一個質子，所以變成原子序大一號的另一種元素的原子核。這個過程一再重複發生，於是逐一合成了比鐵Fe（26）更重的元素。

還有，中子捕獲反應依反應的速度分成兩種。緩慢進行的反應稱為「慢過程」（slow neutron capture process，s-process），迅速進行的反應稱為「快過程」（rapid neutron capture process，r-process）。這兩種過程所合成的重元素並不相同。慢過程主要在老年的中小質量恆星（紅巨星）的內部進行。在核融合反應進行的過程中，有時會放出多餘的中子，偶然間與鄰近的鐵Fe（26）等的原子核結合，因而形成更重的原子核。

以慢過程來說，是歷經中子緩慢結合而衰變的過程，耗費數千年至數十萬年的時間，合成鉍Bi（83）以下的元素。尤其是鍶Sr（38）、鋇Ba（56）、鉛Pd（82）等重元素，合成的效率非常高。

重元素在宇宙的什麼地方製造出來？

引發快過程的原因是超新星爆炸？或中子星合併？

另一方面，快過程所合成的元素，則有包括鑭系元素鑭La（57）～鎦Lu（71）在內的稀土元素（39、57～60、62～71）、鉑Pt（78）、金Au（79）、慢過程無法合成的鈾U（92）等等。稀土元素包括釔Y（39）、釹Nd（60）等，是智慧型手機及個人電腦等機器不可或缺的稀有元素。

不過，目前並不清楚快過程是在宇宙的什麼地方發生。在快過程中，中子與原子核結合的速度遠比慢過程快得多。應該是在僅僅大約1秒的時間內，就能形成一半左右的中子過多核，成為製造從鐵Fe（26）到鈾U（92）等元素的基底，因此只有在中子非常多的環境中才能發生。此外，位於遠離原子核的地方的「孤立」中子，具有在大約15分鐘的時間內會轉變成質子（貝他衰變）的性質。因此，若要引發快過程，必須有許多中子存在，讓中子捕獲反應接連發生才行，但這樣的場所在宇宙空間中相當稀少。

截至目前為止，符合這些條件的場所，引力崩塌型超新星爆炸是唯一的候選者。因為，在理論上已經逐漸明白，超新星爆炸所產生的中子數量太少，在製造出比鐵Fe（26）稍微重一點的元素之後就會用完中子。

因此，科學家認為，中子星合併極有可能會放出更多中子，或許最適合引發快過程。組成聯星系的兩個中子星，耗費1億～10億年的時間，一邊互相繞轉，一邊逐漸合併。這個時候，由於旋轉的力道和強大的衝擊波等因素，會放出太陽質量1%左右的物質，而在其中引發快過程。不過，在利用電腦進行模擬之後，得知放出的物質有90%以上會成為中子，雖然會合成金Au（79）之類的非常重的元素，卻完全不會合成從鋯Zr（40）到錫Sn（50）的元素，這又成了另一個問題。

2014年，德國普朗克引力物理學研究所（Max-Planck-Institut für Gravitationsphysik）和南城伸也資深研究員等人使用超級電腦，把以往的模擬未曾考慮到的廣義相對論和微中子的效應納入考量，進行了中子星（兩者都是太陽質量的1.3倍，直徑24公里）合併的模擬（右邊插圖）。納入廣義相對論的效應之後，引力造成的物質壓縮效果大為增強，由於合併而放出了100億度的高溫物質。這麼一來，便產生了微中子和正電子（重量和電子相同，但是帶著正電荷的粒子）等物質，這些物質會發生反應，使得一部分中子轉變成質子，所以中子的比例會減少到60～90%。

「依據這個結果，進行了快過程元素合成的計算，算出來的結果和太陽系的元素的存在比例幾乎一致。」和南城伸也資深研究員說明。太陽系的元素存在比例可能和整個銀河系的元素存在比例差異不大。這項研究的結果顯示出，在理論上，快過程是由中子星合併所引發的可能性相當高。

偵測到了重元素誕生的現場「千新星」！

如果因中子星合併而引發快過程，製造出來的中子過多核會發生貝他衰變等放射性衰變（放出放射線而變成不同的原子核），成為能在自然界中穩定存在的原子核（穩定核）。科學家預測，此時所放出的能量會把周圍的物質加熱，最後以放出紅外線或可見光的形式而發亮。這個現象稱為「千新星」（kilonova）。

科學家預測，千新星有兩種，一種是會製造出鑭系元素鑭La（57）～鎦Lu（71）及更重的金Au（79），以放出紅外線為主而發亮的「紅千新星」（red kilonova）；另一種是不會進行合成鑭系元素的快過程，以放出可見光為主而發亮的「藍千新星」（blue kilonova）。也就是說，依據它的顏色（波長）的不同，可以得知它的快過程的進行狀況。國際間許多研究團隊已經使用昴星團望遠鏡（夏威夷群島的大島）和哈伯太空望遠鏡等各式各樣的望遠鏡，成功觀測到千新星。對應於GW170817的千新星，在被觀測到的最初幾天是因放出可見光而非常明亮，隨著時間急邃變暗，其後又因放出紅外線而發亮了20天。

和南城資深研究員說：「千新星的預估特徵和觀測到的特徵有許多相符之處，因此，至少可以說，發生快過程的可能性很高吧！」這是快過程發生的「現場」第一次被偵測到。和南城資深研究員說：「不過，如果仔細來看的話，雖然合成了銀Ag（47）等比

依據中子星合併說的快過程模擬

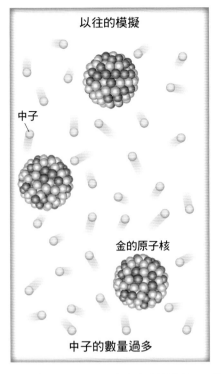

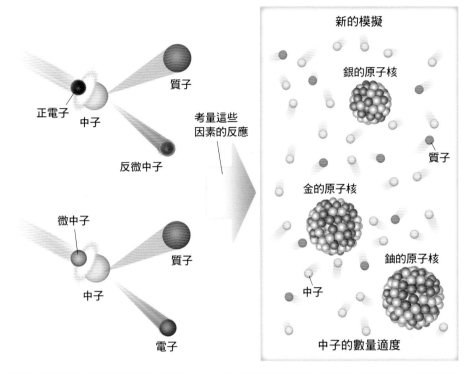

在許多中子存在時，會發生「快過程」而製造出比鐵重的元素。以往所進行的模擬（左），乃假設快過程是因中子星合併而發生。這種模擬的問題在於，因為中子量過多，雖然會合成金之類非常重的元素，但不會合成銀之類相對較輕的元素。新的模擬（中至右）把廣義相對論和微中子的效應納入考量，所以會產生反微中子及正電子等物質，這些粒子發生反應，導致一部分中子轉變成質子，使得中子的數量變得適度，因此能製造出各種元素。

較輕的快過程元素，但是包括鑭系元素鑭La（57）～鑥Lu（71）等較重元素的數量非常少，推估只有太陽系元素組成比例的1～10%左右而已。而且，並沒有取得確實的證據可以確定合成了更重的金Au（79）和鈾U（92）。」是否真的所有的快過程都是在中子星合併時發生呢？關於這一點，需要進一步的驗證才能確定。

藉由地面的實驗探究重元素的起源

以人工方式製造自然界不存在的原子核

也有研究者致力於使用地面的實驗設施進行快過程的驗證。日本理化學研究所仁科加速器科學研究中心RI物理研究室的櫻井博儀室長所率領的研究團隊就是其中之一。

原子核中所含的質子數與中子數的總和稱為「質量數」。雖然是相同的元素，但原子核的質量數卻不同，這樣的原子核稱為「同位素」。週期表是用於區別元素種類的表，若要區別同位素，則必須參閱次頁插圖的「核素圖（核素表）」（nuclide chart）。核素圖中的縱軸表示質子數、橫軸表示中子數，把許多原子核彙整在一張圖表中。

自然界中存在的穩定核大約有300種，在核素圖中排列成從左下方至右上方的直線狀圖案，質子

過多核及中子過多核等不穩定核則排列在離直線較遠的位置。不穩定核因為質子數和中子數並未取得平衡，所以壽命（半衰期）非常短暫，無法在自然界中存在。截至目前為止，已經以人工方式合成了大約3000種不穩定核，但理論上，包括穩定核在內，應該會有大約1萬種原子核存在。櫻井室長說：「全世界所合成的新原子核，一年會有30個左右追加到核素圖上。」

慢過程所製造的不穩定核，目前已經詳細調查了它們的性質。這是因為它們在核素圖中排列在比較靠近穩定核的位置，所以比較容易以人工方式合成。另一方面，快過程所製造的中子過多

核，則排列在遠離穩定核的位置，所以比較不容易以人工方式合成。直到現在，仍然無法驗證快過程。

日本理化學研究所的「RIBF」研究成果

因此，日本理化學研究所於2007年啟用「RIBF」（Radioactive Isotope Beam Factory，放射性同位素射束工廠），以人工方式製造出許多中子過多核，以便徹底調查它們的性質。所謂的RI，是指放射性同位素，亦即具有放出放射線之性質的同位素。RIBF把鈾U（92）的離子加速到光速（秒速約30萬公里）的70%，再使其撞擊做為標靶的鈹Be（4）的原子核。這麼一來，鈾U（92）的原子核會分裂，製造出各式各樣的不穩定核，而能夠取出來做為RI射束。

研究團隊獨自開發了用於測定不穩定核壽命的裝置，因此於2011年，領先全球成功測定了從氪Kr（36）到鎝Tc（43）共38種中子過多核的壽命。回顧當時，櫻井室長說：「僅僅做了8個小時的測定，就獲得相當於全球過去20年份的資料，以此向全世界展示了RIBF的超高性能。」2015年，成功測定了從銣Rb（37）到錫Sn（50）共110種中子過多核的壽命，由此得知有些中子過多核的壽命比以往的理論預測短30～35%。

根據1990年代進行快過程的模擬（當時是設定超新星爆炸為其發生場所）的結果，發現在質量數115、150、190附近的3個地方，原子核太少而無法充分重現太陽系中的實際存在量，這個情形稱為「元素不足問題」（右邊的

核素圖與快過程的路徑

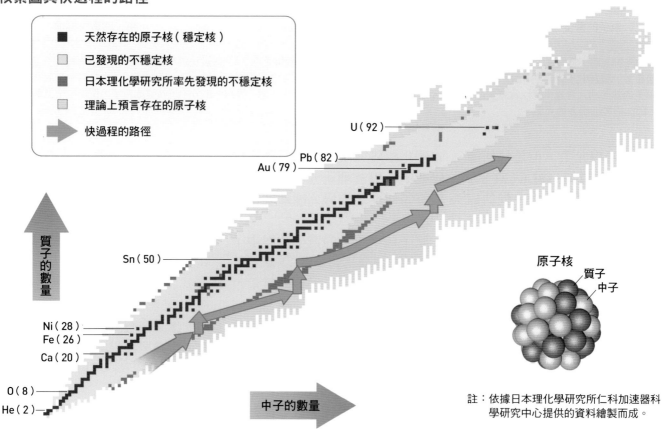

- ■ 天然存在的原子核（穩定核）
- □ 已發現的不穩定核
- ■ 日本理化學研究所率先發現的不穩定核
- □ 理論上預言存在的原子核
- ➡ 快過程的路徑

U（92）
Pb（82）
Au（79）
Sn（50）
Ni（28）
Fe（26）
Ca（20）
O（8）
He（2）

質子的數量
中子的數量

原子核
質子
中子

註：依據日本理化學研究所仁科加速器科學研究中心提供的資料繪製而成。

上圖為表示原子核種類的「核素圖」。橫軸為中子的數量，縱軸為質子的數量。綠色箭頭表示快過程的路徑。僅僅大約1秒鐘的時間，快過程就結束了，並製造出綠色箭頭上方的中子過多核。從鐵Fe（26）到鈾U（92）的元素，有大約一半是以這些中子過多核為基底。中子過多核後來反覆地發生貝他衰變，逐一產生天然存在的原子核（穩定核）。中子過多核每發生一次貝他衰變，就減少一個中子，並增加一個質子，所以在核素圖中會形成朝左上方爬升的路徑。大部分的中子過多核會在數小時內變成穩定核，一部分原子核則在經過數天至數十年的半衰期後，會發生衰變而成為穩定核。

利用日本理化學研究所的RIBF改善了「元素不足問題」

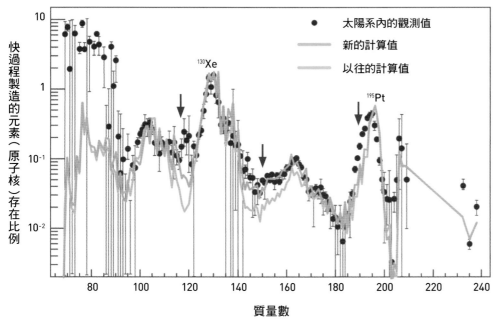

黑圓點為快過程製造出來的元素（原子核），在太陽系內存在比例的觀測值。綠線為依據以往的原子核理論進行模擬的計算值。計算值比觀測值小而出現「元素不足問題」的地方，位於質量數115、150、190附近（紅色箭頭所指處）。橘線為依據RIBF的實驗數據進行模擬的計算值，最初兩個元素不足問題已經獲得改善，比較接近觀測值。

註：依據日本理化學研究所仁科加速器科學研究中心提供的資料繪製而成。

圖表）。櫻井室長說：「因此，導入RIBF於2015年取得的測定數據，重新模擬快過程，結果得知，不足的質量數115和150附近的原子核的計算結果獲得了某個程度的改善，比較接近太陽系中的元素存在量。像這樣，藉由實驗把理論一個一個加以驗證，是非常重要的事。」

殘留未解的謎題

日本重力波望遠鏡「KAGRA」也在2020年正式啟用

以前，根據理論的預測，如果發生中子星合併的話，就會「產生引力波」、「發生短伽瑪射線暴」、「發生千新星」等等。如今，一口氣證明了這些預測全都正確無誤。通常，在發現新天文現象的時候，幾乎不可能單憑當時的觀測就能闡明現象的本質。玉川主任研究員說：「這次獲得的輝煌成果，夠資格記入宇宙物理的教科書中。」

不過，殘留下來的課題也不在少數。最大的課題是中子星合併發生頻率的問題。截至目前為止，一直是預測銀河系內大概10萬年會發生1次，但現在認為，或許會更頻繁地發生。現在運作中的引力波望遠鏡LIGO和Virgo，偵測器的感度已經大為提升。日本神岡礦山隧道中的引力波望遠鏡「KAGRA」（Kamioka Gravitational wave detector，神岡引力波偵測器）也從2020年2月25日正式加入觀測的行列。和南城資深研究員說：「未來有可能一年偵測到好幾次中子星合併。如果這樣的話，就能得知中子星合併的發生頻率。快的話，再過幾年，就能找到快過程是否真的是因中子星合併而發生、它是否能夠說明太陽系中的重元素組成及存在量等問題的答案吧！」

關於短伽瑪射線暴的課題，則是必須解答「為什麼在中子星合併（引力波產生）1.7秒後會產生伽瑪射線呢？在這1.7秒內發生了什麼事？」此外，兩個中子星合併會變成如何，也還不清楚。截至目前為止，預測了幾個可能性，例如「成為更重的中子星」、「成為黑洞」、「在一瞬之間變成更重的中子星，但是在0.1～1秒後就會崩塌而成為黑洞」等等。不過，這次的引力波訊號在合併的瞬間突然中斷了，導致無法獲得相關的資訊。想要解答這個謎題，仍有待今後持續進行觀測。

引力波的存在，從依據理論做出預測到實際發現，經過了100年的漫長歲月。天文學也因此終結了這段寂靜的年代，邁向一個把利用引力波與電磁波的觀測組合起來以探討宇宙謎題的新時代。我們深切期盼，未來的多信使天文學能帶來豐碩的研究成果。

（撰文：北原逸美）

從現在起
數十億年後

銀河系和仙女座星系會「相撞」

數十億年後，太陽系所屬的銀河系和鄰近的大型星系「仙女座星系」可能會撞在一起。目前，仙女座星系在距離地球大約250萬光年的地方，以每秒大約100公里以上的速度，朝銀河系逐步逼近。不過，究竟什麼時候會撞在一起，則還無法確定。

在星系裡面，恆星與恆星之間相距十分遙遠。例如，半人馬座比鄰星是離太陽最近的恆星，但也在4.22光年的遠處。假設太陽是一顆直徑 1 公分的彈珠，則這段距離相當於300公里左右。由此可知，星系裡頭其實是空蕩蕩的。因此，雖然說星系與星系會「相撞」，但恆星與恆星卻幾乎不會撞到。兩個星系碰撞後，由於彼此的引力作用而產生嚴重的變形，並且一度穿過對方。

這樣的星系之間的碰撞，在實際的天文觀測中也曾經發現過。

哈佛大學的團隊於2008年進行了電腦模擬，結果得知，兩個星系在穿越之後，太陽系有3%左右的可能性會被仙女座星系「擄走」。如果屆時人類還存在的話，就可以從銀河系外頭看到現在從地球上看不到的銀河系全貌了。不過，由於碰撞的關係，銀河系的形貌可能會有很大的改變吧……。

由於兩個星系藉由引力互相吸引，因此在穿越彼此之後，會再度接近。**最後，兩個星系可能會融為一體，成為一個巨大的橢圓星系（球狀或橄欖球狀的星系）。**

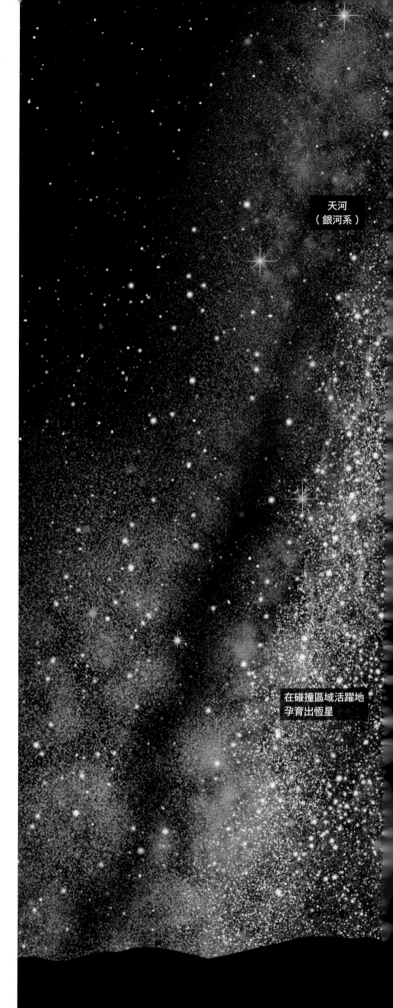

天河
（銀河系）

在碰撞區域活躍地
孕育出恆星

仙女座星系

盤踞夜空的仙女座星系

本圖為想像的場景，顯示仙女座星系逐漸逼近，占據了從地球上看到的夜空廣大面積。夜空的「天河」是從銀河系的內部眺望圓盤部分所看到的景象。一旦銀河系和仙女座星系開始相撞，星系裡面的氣體會受到壓縮，活躍地孕育出恆星。因此，從地球上看到的星空也會更加熱鬧明亮吧！

太陽越來越大，導致其表面離地球越來越近

在第134頁曾經介紹，**恆星到了晚年會越來越巨大，成為「紅巨星」。**太陽也不例外。太陽也會歷經紅巨星的階段，演化成為「漸近巨星支星」（asymptotic giant branch star）。

太陽開始巨大化時，會變得非常明亮，使得地球上的日照量大幅增加，造成地表的溫度上升，海洋乾涸，變成了生命極難生存的環境。可以說，地球事實上已經死亡了吧！

位置比地球更遠離太陽的行星，溫度也會上升。土星環是以冰為主要成分的團塊聚集而成，所以應該會完全蒸發掉。

太陽會脹大到什麼程度，尚無法正確預測。不過，根據某些科學家估算的結果，在大約80億年後，半徑將脹到最大，可能達到目前的300倍左右。在這個時候，比較靠近太陽的水星、金星及地球都將會被巨大的太陽吞噬進去※。

地球會在膨脹而變得稀薄的太陽裡面會繼續公轉一陣子，然後由於受到氣體的阻力而緩緩地朝太陽的中心墜落。接著，地球會被太陽的引力（正確地說，是「潮汐力」）撕扯成碎片，最後蒸發於無形吧！

※：地球也有可能不會被吞噬進去。脹大後的太陽比較容易把氣體拋撒到宇宙空間，因此會變得越來越輕。這麼一來，太陽所發揮的引力作用也會減弱，使得地球及其他行星的公轉軌道朝現在的軌道外側偏移。此外，如果太陽放出的氣體量很多，則太陽脹到最大時的半徑也會比較小。結果，太陽放出的氣體越多，地球被脹大的太陽吞噬的機率就越低。不過，太陽到了晚年究竟會放出多少氣體，至今尚無定論。

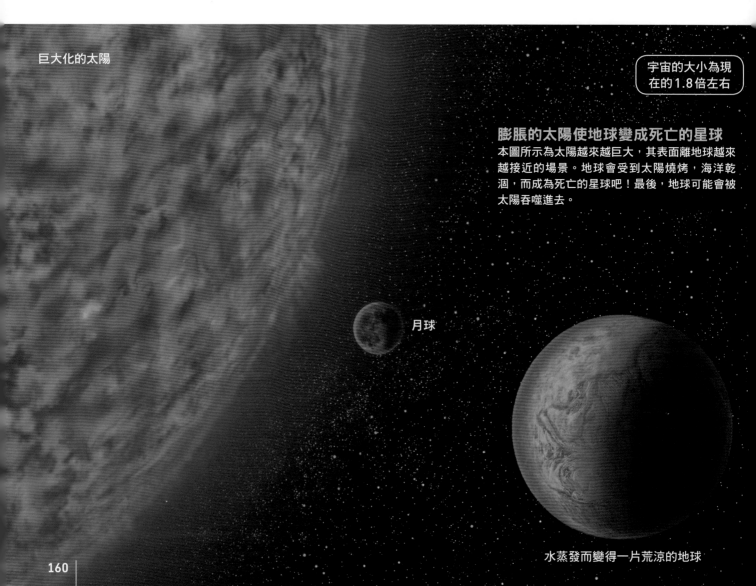

巨大化的太陽

宇宙的大小為現在的1.8倍左右

膨脹的太陽使地球變成死亡的星球
本圖所示為太陽越來越巨大，其表面離地球越來越接近的場景。地球會受到太陽燒烤，海洋乾涸，而成為死亡的星球吧！最後，地球可能會被太陽吞噬進去。

月球

水蒸發而變得一片荒涼的地球

太陽迎接死亡而化為
美麗的星雲

巨大化的太陽不斷地把氣體往宇宙空間拋撒，最後只剩下和地球差不多大小的中心部分，原本**構成太陽的氣體則逸散到宇宙空間。**可以說，太陽事實上已經死亡了吧！

　　殘留下來的太陽中心部分，變成了稱為「白矮星」的天體。白矮星極度壓縮，把原來太陽一半左右的重量集中到地球程度的大

小，所以成為密度非常高的天體。每 1 立方公分體積的重量竟然高達 1 公噸（1000公斤）。

　　白矮星因為「燃料」已經耗盡，所以不會發生核融合反應。但是它還有餘熱，因此會持續發光並慢慢地冷卻。

　　另一方面，被釋放的氣體則擴散開來，形成好像把太陽系包覆起來的樣子。這些氣體受到中心

的白矮星傳來的光（紫外線）照射，散發出五彩絢爛的光輝。這種的氣體分布樣貌稱為**「行星狀星雲」**※。死亡後的太陽，如果從遙遠的宇宙看過來，宛如一朵美麗的星雲。

※：在缺乏性能優異的望遠鏡的時代，這種天體看起來不像是恆星一樣的「點」，而是像太陽系內的行星一樣具有面積的「圓形」，所以把它加上「行星狀」的名稱。事實上，它只是氣體擴散開來的模樣，和行星完全沒有關係。

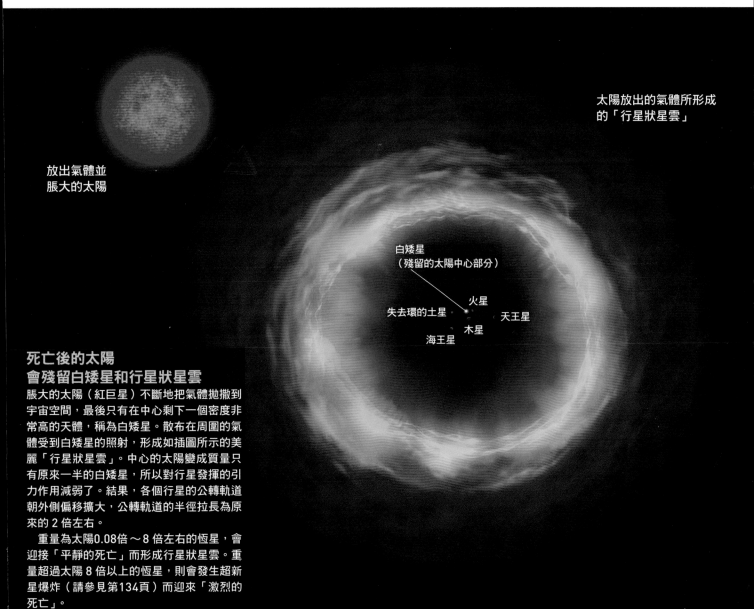

放出氣體並
脹大的太陽

太陽放出的氣體所形成
的「行星狀星雲」

白矮星
（殘留的太陽中心部分）

火星

失去環的土星

天王星

木星

海王星

死亡後的太陽
會殘留白矮星和行星狀星雲

脹大的太陽（紅巨星）不斷地把氣體拋撒到宇宙空間，最後只有在中心剩下一個密度非常高的天體，稱為白矮星。散布在周圍的氣體受到白矮星的照射，形成如插圖所示的美麗「行星狀星雲」。中心的太陽變成質量只有原來一半的白矮星，所以對行星發揮的引力作用減弱了。結果，各個行星的公轉軌道朝外側偏移擴大，公轉軌道的半徑拉長為原來的 2 倍左右。

　　重量為太陽0.08倍～8 倍左右的恆星，會迎接「平靜的死亡」而形成行星狀星雲。重量超過太陽 8 倍以上的恆星，則會發生超新星爆炸（請參見第134頁）而迎來「激烈的死亡」。

我們銀河系以外的星系都將看不到了

我們所居住的銀河系，位於由50個以上的星系組成的集團內。這個星系集團稱為「本星系群」（Local Group of Galaxies），分布在半徑大約300萬光年的範圍內。

這些星系藉由引力而互相吸引，不斷地發生碰撞與合併，可能會在大約1000億年後，全部整併成為一個巨大橢圓星系吧！

本星系群以外的地方，又是什麼景況呢？在距離地球大約5400萬光年的地方，有一個「室女座星系團」。這個星系團是由1000個以上的星系組成的大規模星系集團。這樣的星系團最終也可能整併成為巨大橢圓星系。

那麼，「我們的巨大橢圓星系」和室女座星系團演變成的巨大橢圓星系，在遙遠的將來是不是也會碰撞和合併呢？

事實上，從2000年左右開始，我們逐漸明白宇宙的膨脹速度有緩緩增加的趨勢，亦即它正在加速膨脹中[※]。把這項因素納入考量，則因為這兩個巨大橢圓星系之間的距離很大，所以雙方把彼此拉近的引力效應小於宇宙膨脹把兩者拉遠的效應，導致這兩個巨大橢圓星系之間的距離越來越遠。

不僅如此，「我們的巨大橢圓星系」以外的星系也全都會相隔越來越遠，而且遠離的速度隨著時間而越來越快。結果，**可能在1000億年之後，在我們能夠觀測到的範圍內，再也沒有任何星系存在了**。這個時候，無論智慧生物多麼努力地使用望遠鏡眺望宇宙，也只能看到自己星系裡面的天體，除此之外，什麼都看不到了。

[※]：引起宇宙加速膨脹的因素，可能是充滿宇宙空間的「暗能量」（dark energy）（詳閱第170頁）。美國物理學家珀爾穆特（Saul Perlmutter，1959～）等人因為這個暗能量的研究而獲頒2011年諾貝爾物理學獎。

星系團會逐漸整併成巨大橢圓星系，並且逐漸孤立

鄰近的星系由於受到彼此的引力互相吸引，逐漸靠近而發生碰撞、合併。星系群及星系團最終可能會整併成一個如插圖所示的巨大橢圓星系。另一方面，各個巨大橢圓星系之間卻由於宇宙膨脹而逐漸拉遠，所以到了1000億年後的未來，將再也無法觀測到彼此的身影。

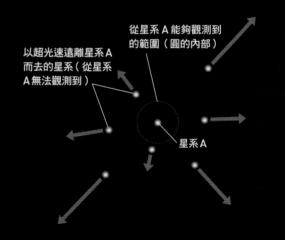

以超光速遠離星系A而去的星系（從星系A無法觀測到）

從星系A能夠觀測到的範圍（圓的內部）

星系A

什麼是能夠觀測到的範圍？

我們能夠觀測到的宇宙範圍有其限度。光的速度是自然界的最高速度，但也是有其限度。宇宙誕生後經過的時間也是有其限度。因此，從宇宙誕生到現在，光所行進的距離，亦即我們能夠觀測到的範圍，也就有其限度。在大約1000億年後，我們的星系以外的星系遠離而去的速度，在目視效果上，將會超過光速，因此超出了我們能夠觀測到的範圍外面。順帶一提，這時候的超光速，是因為空間的膨脹所造成，並非星系的實際運動速度，所以並沒有違反相對論（物體的運動速度無法超過光的速度）。

巨大橢圓星系

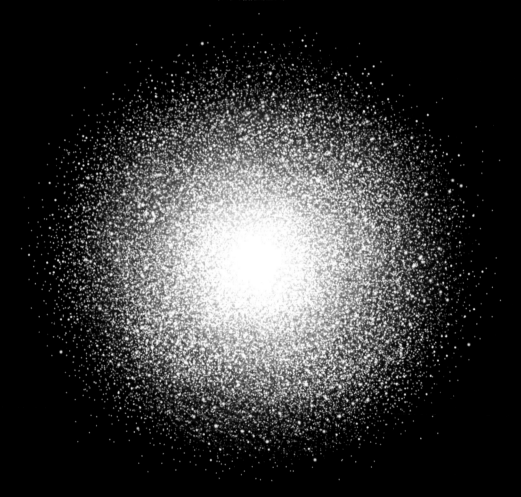

在從巨大橢圓星系能夠觀測到的範圍
內，沒有任何其他的星系存在。

所有恆星都燃燒殆盡，恆星的原料也用完了

已 **知恆星是越輕越長壽。**質量和太陽差不多的恆星，壽命是100億年左右。重量是太陽一半左右的恆星，壽命是600億～900億年左右，遠遠超過現在的宇宙年齡（138億歲）。而更輕的恆星應該可以活得更久。

在第134頁曾經說明，在恆星內部，氫之類的輕元素會發生核融合反應而變成較重的元素。也就是說，氫之類的輕元素會逐漸被「消耗」掉。

例如，在現今的宇宙裡面，氫在所有元素之中占了大約 9 成（原子個數的比例）。雖然氫的數量如此龐大，但畢竟不是無限。因為有限，所以**星系裡氫之類的核融合反應的燃料終有一天會耗盡。**

科學家考慮了以上所述的因素之後，**推測在距今大約100兆年（10^{14}年）後，就連最輕的恆星也將燒完，而且再也無法孕育出新的恆星。**星系裡面淨是一些黑洞、冷卻而失去光輝的白矮星（在這個階段也稱為「黑矮星」）之類的幽暗天體，整個星系將變得暗淡無光。

1. 明亮的橢圓星系

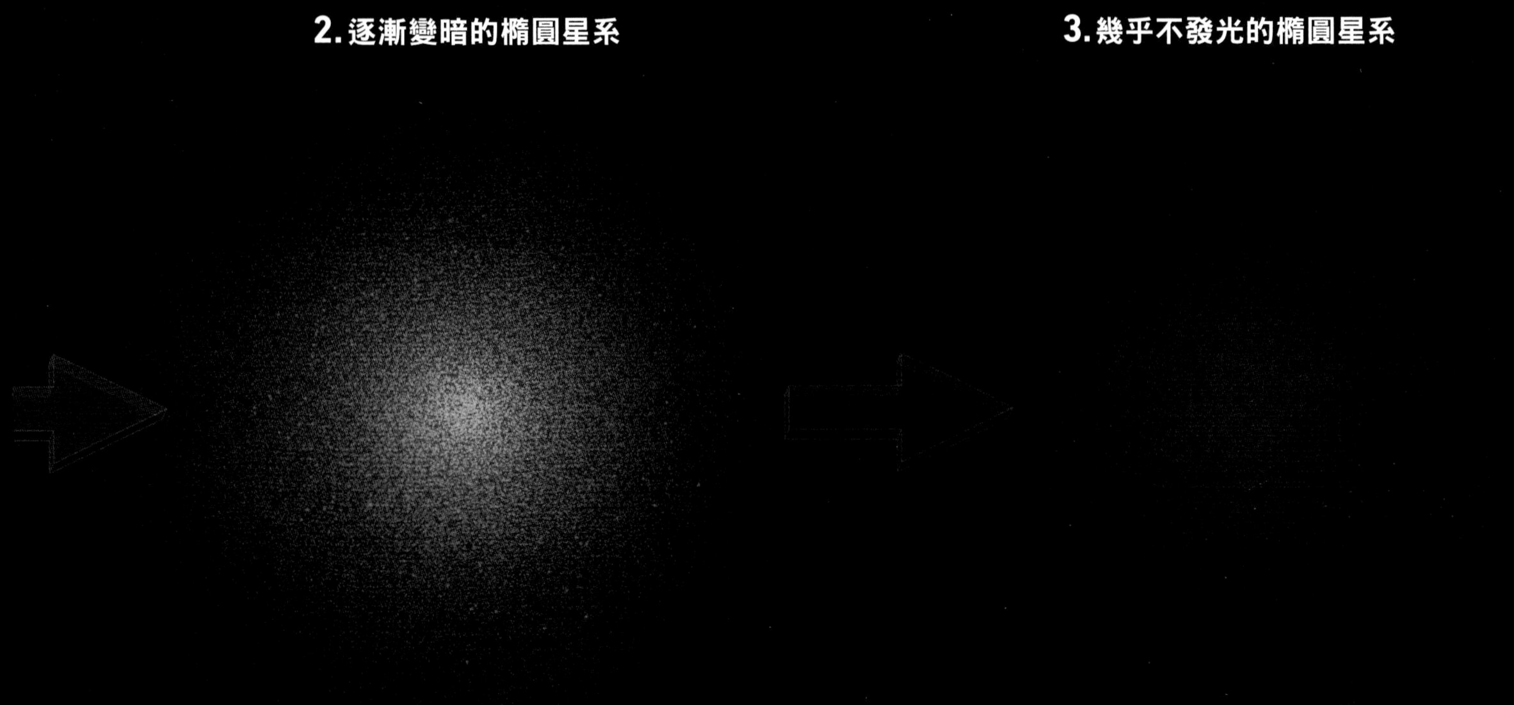

2.逐漸變暗的橢圓星系　　　　　　　　　　　**3.幾乎不發光的橢圓星系**

星系逐漸變暗

本圖所示為橢圓星系徐徐失去光輝的景象（1～3）。從明亮的
重恆星開始，一個一個燃燒殆盡。而且，在星系裡面，做為核
融合反應燃料的氫氣等物質逐漸減少，所以越來越無法孕育出
新的恆星。事實上，我們已經知道，現在的橢圓星系內也幾乎
不再有新的恆星誕生了。最後，壽命較長而又暗又輕的紅色恆
星也耗盡了燃料，星系幾乎不再發亮（3）。恆星全部死亡的星
系會演化成黑洞之類本身不發光的幽暗天體。

黑洞蒸發，只剩基本粒子四處飛竄的世界

黑洞會把靠近它的天體等物質吞噬進去，一點一點地增加自己的大小。但是，在遙遠的未來，它將無法再找到任何可以吞噬的對象吧！

然後，黑洞會變成什麼樣子呢？

事實上，依據理論的預測，黑洞會徐徐地「蒸發」。這裡所說的蒸發，只是一種比喻，和水的蒸發在原理上並不相同。它是指光子（光的粒子）**等基本粒子從黑洞的表面飛出來，使得黑洞本身變輕了**[1]。

不過，當黑洞很大的時候，黑洞的蒸發只是非常非常緩慢地在進行。隨著黑洞越來越小，蒸發也慢慢地越來越快。最後，它可能會發生爆炸性的蒸發，從而消失無蹤。

根據科學家的估算，如果是重量與太陽差不多程度的黑洞，要花上 10^{66} 年左右才會開始蒸發。如果是宇宙中規模最大的黑洞（太陽的1兆倍左右），則要花上大約 10^{100} 年（10^{100} 是把10個100億相乘的數）。

到了 10^{100} 年後，連黑洞也消失了，整個宇宙變成一個只剩下基本粒子到處飛竄的世界[2]。剛誕生的宇宙也是一個只有基本粒子到處飛竄的世界，所以它是花了 10^{100} 年的時間，又回到和原來相似的世界。不過，由於宇宙一直在膨脹，所以在 10^{100} 年後的世界裡，基本粒子的密度將變得非常非常地稀薄，可說是一個荒涼寂寥的世界。

※1：理應吞噬所有東西的黑洞竟然會蒸發？這樣的說法或許會讓人覺得矛盾，但卻是基於探討微觀世界的物理學「量子論」的神奇效應而發生的現象。英國物理學家霍金（Stephen Hawking，1942～2018）於1974年提出了這個理論上的見解。雖然目前還沒有實驗上及觀測上的證據，但日本東京大學國際高等研究所科維理宇宙物理學與數學研究機構的村山齊主任研究員說：「在物理學家之間，認為這項理論預測的可信度非常高。不過，目前還不清楚，蒸發到最後的瞬間會變成什麼情況。」

※2：黑洞以外的天體最終也有可能解體到基本粒子的層級（第168頁）。

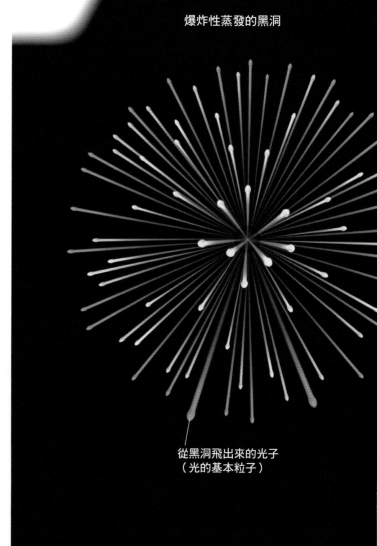

爆炸性蒸發的黑洞

從黑洞飛出來的光子（光的基本粒子）

黑洞

蒸發的黑洞

本圖所示為縮小的黑洞發生爆炸性蒸發的場景（左上方）和大型黑洞放出少量光子（光的基本粒子）而緩緩蒸發的場景（右頁圖）※。大約 10^{100} 年後，就連最大規模的黑洞也會蒸發而完全消失。

※：事實上，不只放出光子，也會放出各式各樣的基本粒子。

黑洞

10³⁴年後，質子完全瓦解，宇宙中除了黑洞以外的天體全部消失

前面曾經說明了，100兆年後（10¹⁴年後），星系會變暗（第164頁）；10¹⁰⁰年後，黑洞將完全蒸發。事實上，在這段期間內的大約10³⁴年後（100兆年的100億倍又100億倍），宇宙中還會發生其他重大的變化，那就是**「質子衰變」**（Proton decay）。

質子衰變導致恆星也瓦解

原子的中心有原子核，原子核由一個或多個帶正電的「質子」和不帶電的「中子」結合構成。除了放射性物質之外，一般的原子核十分穩定，無論經過多久的時間都不會發生變化。

但是，從原子核飛出來的單獨中子並不穩定，只有大約15分鐘的壽命，然後就會分解，轉變成多個其他種類的粒子，這就是中子的衰變。

另一方面，質子則無論是在原

質子的衰變

科學家對質子衰變的樣式（生成什麼樣的粒子）做了許多種預測。本圖所示為其中一種代表性例子。質子衰變會產生反電子和 π 介子。π 介子立刻衰變成 2 個光子（光的基本粒子）。

反電子
（正電子）

質子

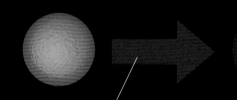

衰變的質子

以 10³⁴ 年以上的
壽命發生衰變？

π 介子

子核裡面，或原子核外面，都非常穩定。不過，**理論上質子並不是完全穩定，它遲早也會衰變成多個更輕的粒子**（參照下方的插圖）。目前還不知道質子的壽命有多久，根據實驗的結果，應該是在 10^{34} 年以上。

質子會衰變，這意謂著，原子核也將無法維持原有的形態。如果原子核完全分解成基本粒子，則原子也會崩毀。也就是說，假設質子的壽命是 10^{34} 年，則到那個時候，原子會從宇宙消失。

日本東京大學國際高等研究所科維理宇宙物理學與數學研究機構（Kavli IPMU）的村山齊主任研究員說：**「如果發生質子衰變，則太陽之類的恆星、地球之類的行星也都無法存在。唯一殘留下來的，就只有黑洞吧！」**

位在日本岐阜縣飛驒市神岡町的「超級神岡偵測器」（Super Kamiokande），是微中子偵測裝置「神岡偵測器」（Kamiokande）的後繼機，因小柴昌俊博士的研究於 2002 年獲頒諾貝爾物理學獎而聞名。在直徑與高度都是 40 公尺左右的圓筒形水槽中，裝入 5 萬公噸的水（含有質子大約 10^{34} 個），持續地進行實驗，企圖偵測到質子的衰變。

根據計算的結果，假設質子的壽命是 10^{34} 年，則若準備 10^{34} 個質子，1 年會發生 1 次左右的質子衰變。所以超級神岡偵測器準備了大量的水，企圖利用其中所含的大量質子，偵測到很難得發生的質子衰變。

此外，超級神岡偵測器的後繼機「超超級神岡偵測器」（Hyper Kamiokande）也已經預定自 2025 年開始運作。

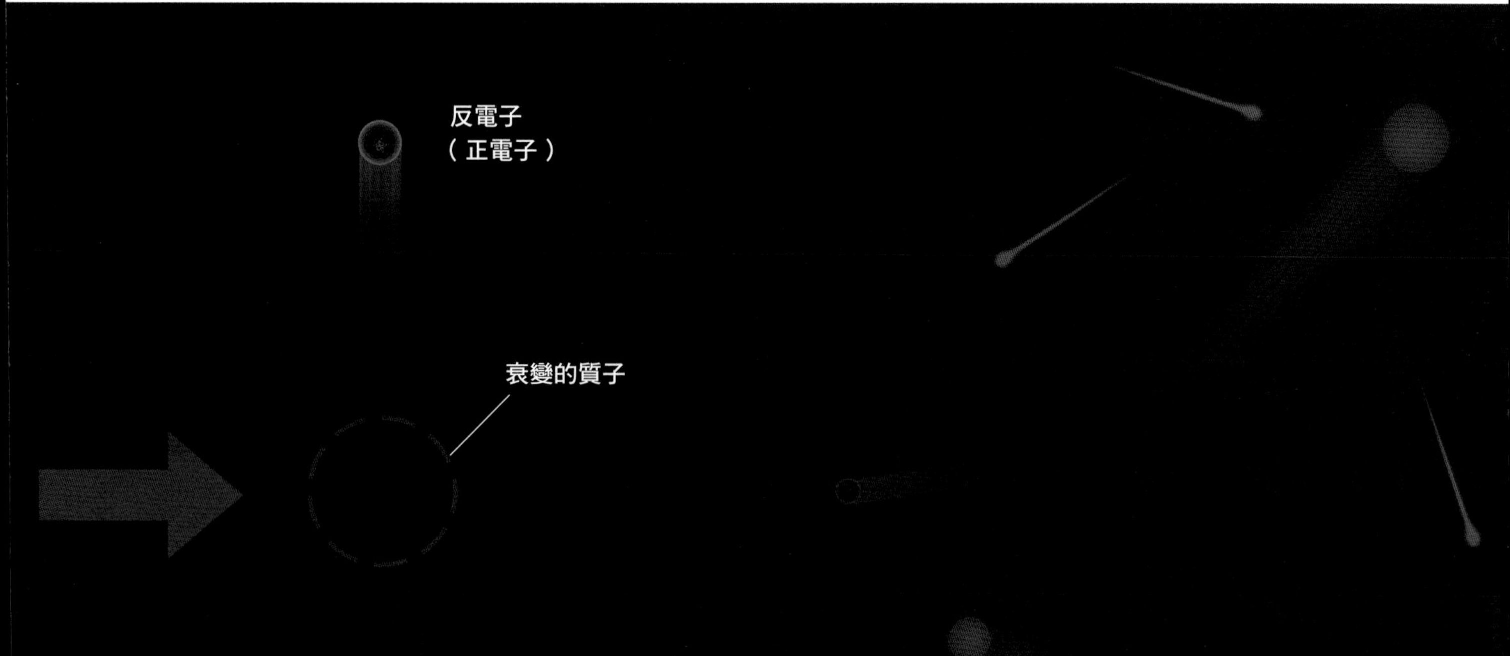

反電子
（正電子）

衰變的質子

依著「暗能量」的作用，宇宙或許會膨脹到連原子都撕裂

在「PART 3 宇宙的未來」，是依據「宇宙膨脹的加速（第162頁）在未來也將同樣地持續下去」這個假說為基礎而展開。但事實上，我們並不知道這個假說是否正確。**導致宇**宙膨脹加速的原因，可能是充滿宇宙空間的「暗能量」這種本尊不明能量的作用。暗能量是一種不可思議的神奇能量，具有把宇宙空間猛力推展開來的作用。

暗能量的本尊迄今未明，被視為現代物理學最大的謎題。而宇宙的未來，可以說是操之於這種暗能量（的密度）。**由於不知道它的真面目是什麼，所以也無法確定它未來會始終保**

今後宇宙會如何膨脹並不明確

自誕生以來，宇宙就一直在膨脹中。但是，未來是否會以相同的步調持續膨脹，則還無法確定。插圖為3種可能性的想像圖：宇宙未來繼續保持以往的膨脹模式（左邊）、宇宙從膨脹轉為收縮（中央）、宇宙進行更急遽的膨脹（右邊）。

暗物質與暗能量

簡述兩者的區別。首先，暗物質的行為對宇宙膨脹不具壓力，但暗能量則具有促使宇宙膨脹的「負壓力」。其次，暗物質的分布有濃淡的差異，暗能量則是在宇宙空間內均勻地分布。還有，暗物質的密度會隨著宇宙的膨脹或收縮而改變，暗能量則無論宇宙膨脹或收縮都不會改變，即使有改變，也是相當緩和地改變。

宇宙繼續保持以往的膨脹模式？

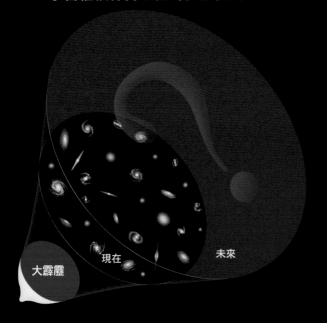

大霹靂　現在　未來

宇宙從膨脹轉為收縮？

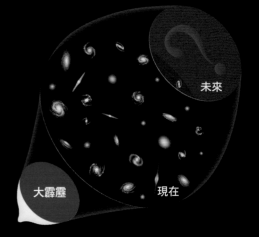

未來

大霹靂　現在

緩緩地加速膨脹

現在

如果暗能量的密度始終保持一定，則宇宙未來會繼續保持和以往相同的緩和加速膨脹。在這種情況下，使宇宙擴張的「力」維持一定，宇宙未來仍依照目前所知的劇本發展下去。

收縮

現在

如果暗能量的密度緩緩地減少，則宇宙有可能從膨脹轉為收縮。

持一定，或是會增加，或是會減少。

宇宙也有轉為收縮的可能性

就算宇宙像現在這樣繼續膨脹下去，但是銀河系和太陽系受到重力作用的牽繫，並不會因此而鼓脹起來。不過，如果暗能量將來會增加的話，那麼宇宙膨脹的加速就會越來越劇烈，銀河系和太陽系也會鼓脹而被撕扯開來。甚至，恐怕連原子也抵擋不住宇宙的膨脹，開始脹大而終至裂解。**到最後，一切的一切都完全分崩離析。這樣的宇宙未來稱為「大撕裂」（Big Rip）。**

另一方面，暗能量也有可能越來越少。這樣的話，宇宙膨脹或許會從加速轉變成減速。宇宙的膨脹速度逐漸降低，最後甚至有可能轉為收縮。星系之間越來越靠近，**最終整個宇宙塌縮成一個點。這樣的宇宙的結局稱為「大擠壓」（Big Crunch，大崩墜）。**

當然，也有一些物理學家對於宇宙的未來提出不同的主張。對於宇宙未來的預測，目前仍然處於一片混沌的狀況。

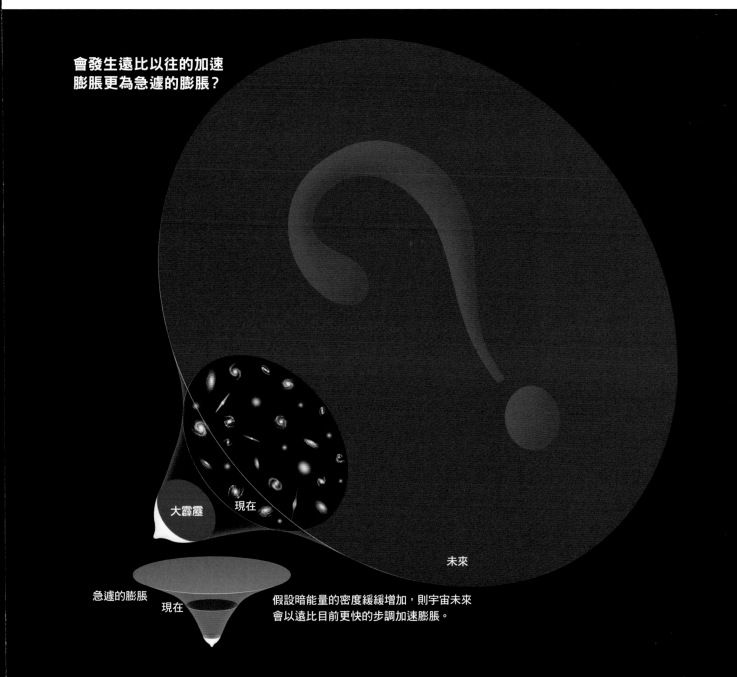

會發生遠比以往的加速膨脹更為急遽的膨脹？

大霹靂

現在

未來

急遽的膨脹

現在

假設暗能量的密度緩緩增加，則宇宙未來會以遠比目前更快的步調加速膨脹。

未來的1400億年，這個宇宙不會消失

藉由精密測量「暗物質」的分布，探究宇宙的演化之謎

在這個宇宙中，眾多恆星聚集而組成星系。科學家認為，不僅恆星及星系的形成，就連整個宇宙的演化，都和「暗物質」有著密不可分的關係。日本東京大學及日本國立天文台等機構的研究團隊藉由測量暗物質的分布，成功取得了表示這個宇宙「演化程度」的精密常數。

協助 ┊ **日影千秋**
日本東京大學科維理宇宙物理學與數學研究機構特任準教授

我們所處的宇宙，可能誕生於大約138億年前。剛誕生時發生了「大霹靂」創造出物質，接著孕育出恆星和星系，一步一步演化成為現今的宇宙。那麼，現在的宇宙究竟演化到什麼程度呢？這個宇宙的壽命未來還能延續多久呢？解答這些問題的關鍵，似乎掌握在「暗物質」的手裡。

依據星系的扭曲推估暗物質的構造

暗物質既看不到也摸不著，但它具有質量，能對其周圍發揮引力的作用。近年來，不少科學家利用「重力透鏡效應」（gravitational lensing effect）的現象，調查暗物質的分布。所謂的重力透鏡效應，是指在具有質量的物質周邊，因其重力使得光的行進路線彎曲的現象。由於這個效應，遠方的星系有時會顯現出扭曲的形像。

日本東京大學及日本國立天文台等機構組成的團隊，使用座落於夏威夷大島的昴星團望遠鏡的超廣角主焦點照相機「HSC」（Hyper Suprime Cam），進行了星系的大規模觀測。他們對所觀測到1000萬個以上星系的扭曲情形做精密的測定，並依據重力透鏡效應的影響程度，詳細調查暗物質的分布（構造）。

HSC能觀測到大約100億光年遠的星系。光要花上一段時間才能抵達地球，所以看到越遙遠的地方就表示看到越古早的狀態。這次調查了從大約100億年前到現在的暗物質的分布。因為恆星和星系是在暗物質大量存在的地方誕生，所以依據暗物質的分布，可以獲得星系的分布（構造）經歷了什麼樣的變遷等等關於宇宙演化的線索。

以世界最高的精密度導出宇宙的「演化程度」

宇宙的演化，主要是以「宇宙學標準模型」（standard model of cosmology）做為探討的基礎，這是一個依據愛因斯坦的廣義相對論所提出的假說。根據這次的觀測結果，以世界最高的精密度導出了宇宙學標準模型裡面的「S_8」這個常數，用於表示宇宙構造的「演化程度」。

這次導出的S_8值，比先前依據歐洲太空總署的天文觀測衛星「普朗克」（Planck）所導出的值還要小一些。東京大學的日影千秋特任準教授說：「這次的S_8值，是從觀測計畫的11%的結果所導出來的。如果接下去分析更多的數據之後，這個值仍然很小的話，則這將是暗示現在的宇宙學標準模型及廣義相對論具有破綻的重大發現。」

此外，科學家認為引起宇宙加速膨脹的原因是「暗能量」，所以也依據這次的觀測結果計算了暗能量的量。暗能量可能充滿了宇宙空間，但是它的本尊和性質都被謎團包圍著，其性質可能會導致未來的宇宙的膨脹速度變得更快，星系、恆星甚至原子都會被撕裂，最終整個宇宙消失於無形（大撕裂）。但是，根據這次的觀測結果，得知大撕裂至少要1400億年後才會發生。

（撰文：荒舩良孝）

使用HSC觀測到的星系與重力透鏡效應

我們無法單憑肉眼看到暗物質，但若星系和地球之間存在著大量暗物質的話，則會因受其重力影響，使得我們看到的星系形狀扭曲成圓弧狀（圖像的中央附近）。藉由詳細調查每一個星系的形狀，能夠推估暗物質的分布。

人人伽利略 科學叢書 01

太陽系大圖鑑

徹底解說太陽系的成員以及
從誕生到未來的所有過程！　　　售價：450元

　　本書除介紹構成太陽系的成員外，還藉由精美的插畫，從太陽系的誕生一直介紹到末日，可說是市面上解說太陽系最完整的一本書。在本書的最後，還附上近年來備受矚目之衛星、小行星等相關的報導，以及由太空探測器所拍攝最新天體圖像。我們的太陽系就是這樣的精彩多姿，且讓我們來一探究竟吧！

人人伽利略 科學叢書 02

恐龍視覺大圖鑑

徹底瞭解恐龍的種類、生態和
演化！830種恐龍資料全收錄　　售價：450元

　　本書根據科學性的研究成果，以精美的插圖重現完成多樣演化之恐龍的形貌和生態。像是恐龍對決的場景等當時恐龍的生活狀態，書中也有大篇幅的介紹。

　　不僅介紹暴龍和蜥腳類恐龍，還有形形色色的恐龍登場亮相。現在就讓我們將時光倒流到恐龍時代，觀看這個遠古世界即將上演的故事吧！

人人伽利略 科學叢書 10

用數學了解宇宙

只需高中數學就能
計算整個宇宙！　　　　　　售價：350元

　　每當我們看到美麗的天文圖片時，都會被宇宙和天體的美麗所感動！遼闊的宇宙還有許多深奧的問題等待我們去了解。

　　本書對各種天文現象就它的物理性質做淺顯易懂的說明。再舉出具體的例子，說明這些現象的物理量要如何測量與計算。計算方法絕大部分只有乘法和除法，偶爾會出現微積分等等。但是，只須大致了解它的涵義即可，儘管繼續往前閱讀下去瞭解天文的奧祕。

★台北市天文協會監事　陶蕃麟　審訂、推薦

人人伽利略 科學叢書 15

圖解悖論大百科　鍛練邏輯思考的50則悖論　　售價：380元

　　所謂的「悖論」（paradox），是指從看似正確的前提和邏輯，推演出難以接受的結論。本書以圖解的方式列舉50則精彩悖論，範圍涉及經濟、哲學、物理、數學、宇宙等等，例如電車難題、雙生子悖論、芝諾悖論……，形式也各不相同，深富趣味性，有許多悖論至今仍然沒有正確解答，讓科學家傷透了腦筋。讀者可以藉此培養邏輯思考的能力，讓我們擴展視野，發展出看待事物的新觀點！

人人伽利略 科學叢書 17　　　　　　　　　　　　　售價：500元

飛航科技大解密　圖解受歡迎的大型客機與戰鬥機

　　客機已是現在不可或缺的交通工具之一。然而這樣巨大的金屬團塊是如何飛在天空上的？各個構造又有什麼功能呢？本書透過圖解受歡迎的大型客機A380及波音787，介紹飛機在起飛、飛行直到降落間會碰到的種種問題以及各重點部位的功能，也分別解說F-35B、F-22等新銳戰鬥機與新世代飛機，希望能帶領讀者進入飛機神祕的科技世界！

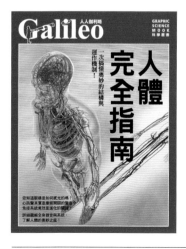

人人伽利略 科學叢書 21

人體完全指南　一次搞懂奧妙的結構與運作機制！　售價：500元

　　大家對自己的身體了解多少呢？你們知道每次呼吸約可吸取多少氧氣？從心臟輸出的血液在體內循環一圈要多久時間呢？其實大家對自己身體的了解程度，並沒有想像中那麼多。

　　本書用豐富圖解彙整巧妙的人體構造與機能，除能了解各重要器官、系統的功能與相關疾病外，也專篇介紹從受精卵形成人體的過程，更特別探討目前留在人體上的演化痕跡，除了智齒跟盲腸外，還有哪些是正在退化中的部位呢？翻開此書，帶你重新認識人體不可思議的構造！

【 人人伽利略系列 27 】

138億年大宇宙
全盤了解宇宙的天體與歷史

作者／日本Newton Press
執行副總編輯／王存立
編輯顧問／吳家恆
審訂／陶蕃麟
翻譯／黃經良
編輯／林庭安
商標設計／吉松薛爾
發行人／周元白
出版者／人人出版股份有限公司
地址／231028 新北市新店區寶橋路235巷6弄6號7樓
電話／（02）2918-3366（代表號）
傳真／（02）2914-0000
網址／www.jjp.com.tw
郵政劃撥帳號／16402311 人人出版股份有限公司
製版印刷／長城製版印刷股份有限公司
電話／（02）2918-3366（代表號）
經銷商／聯合發行股份有限公司
電話／（02）2917-8022
第一版第一刷／2021年6月
定價／新台幣500元
　　　港幣167元

國家圖書館出版品預行編目（CIP）資料

138億年大宇宙：全盤了解宇宙的天體與歷史／
日本Newton Press作；黃經良翻譯. -- 第一版. --
新北市：人人，2021.06 面；公分. —
（人人伽利略系列；27）譯自：138億年の大宇宙：
宇宙の天体と歴史がすべてわかる！
ISBN 978-986-461-246-8（平裝）

1.宇宙 2.天文學

323.9　　　　　　　　　　　　110007540

NEWTON BESSATSU 138 OKUNEN NO
DAI UCHU KAITEI DAI 2 HAN
Copyright © Newton Press 2020
Chinese translation rights in complex
characters arranged with Newton Press
through Japan UNI Agency, Inc., Tokyo
Chinese translation copyright © 2021 by Jen
Jen Publishing Co., Ltd.
www.newtonpress.co.jp

Staff

Editorial Management	木村直之
Design Format	米倉英弘（細山田デザイン事務所）
Editorial Staff	遠津早紀子

Photograph

表紙	NASA, Astrogeology Team, U.S.Geological Survey, Flagstaff, Arizona, NASA/JPL/Caltech, James Hastings Trew/Constantine Thomas/NASA/JPL	
1	NASA, Astrogeology Team, U.S.Geological Survey, Flagstaff, Arizona, NASA/JPL/Caltech, James Hastings Trew/Constantine Thomas/NASA/JPL	
6-7	藤井 旭	
8～9	NASA, Astrogeology Team, U.S.Geological Survey, Flagstaff, Arizona, NASA/JPL/Caltech, James Hastings Trew/Constantine Thomas/NASA/JPL	
14-15	NASA	
16-17	NASA Goddard Space Flight Center Image by Reto Stokli (land surface, shallow water, clouds). Enhancements by Robert Simmon (ocean color, compositing, 3D globes, animation). Data and technical support: MODIS Land Group; MODIS Science Data Support Team; MODIS Atmosphere Group; MODIS Ocean Group Additional data: USGS EROS Data Center (topography); USGS Terrestrial Remote Sensing Flagstaff Field Center (Antarctica); Defense Meteorological Satellite Program (city lights)	
24-25	NASA/JPL	
36～37	超好熱メタン生成菌：高井 研 ©JAMSTEC、ブラック・スモーカー：IFE, URI-IAO, UW, Lost City Science Party; NOAA/OAR/OER; The Lost City 2005 Expedition、二酸化炭素の泡：Pacific Ring of Fire 2004 Expedition. NOAA Office of Ocean Exploration; Dr. Bob Embley, NOAA PMEL, Chief Scientist.、チューブ・ワーム：NOAA Okeanos Explorer Program, Galapagos Rift Expedition 2011	
39	NASA/JPL-Caltech/University of Arizona/University of Idaho	
45	NASA/JPL-Caltech/Cornell/USGS	
47	Spacecraft: ESA/ATG medialab; Jupiter: NASA/	

	ESA/J. Nichols (University of Leicester); Ganymede: NASA/JPL; Io: NASA/JPL/University of Arizona; Callisto and Europa: NASA/JPL/DLR	
49	細野七月	
50	JAXA	
52	JAXA、東京大、高知大、立教大、名古屋大、千葉工大、明治大、会津大、産総研	
53	【地表】JAXA、東京大、高知大、立教大、名古屋大、千葉工大、明治大、会津大、産総研、【管制室】ISAS/JAXA	
56	David Malin, UK Schmidt Telescope, DSS, AAO	
60-61	NASA, ESA and AURA/Caltech	
62～63	Andrea Dupree (Harvard-Smithsonian CfA), Ronald Gilliland (STScI), NASA and ESA、Haubois et al., A & A, 508, 2, 923, 2009, reproduced with permission ©ESO/Observatoire de Paris.	
66～67	NASA, ESA, STScI, J. Hester and P. Scowen (Arizona State University), ESO、T. A. Rector (NOAO/AURA/NSF) and Hubble Heritage Team (STScI/AURA/NASA)、ESO	
68	国立天文台、ESO/S. Guisard (www.eso.org/~sguisard)、NASA, ESA、ESO	
68-69	NASA/JPL-Caltech/STScI	
70	Bruce Balick (University of Washington), Jason Alexander (University of Washington), Arsen Hajian (U.S. Naval Observatory), Yervant Terzian (Cornell University), Mario Perinotto (University of Florence, Italy), Patrizio Patriarchi (Arcetri Observatory, Italy), NASA/ESA, NASA, HEIC and The Hubble Heritage Team (STScI/AURA), NASA, ESA and the Hubble SM4 ERO Team	
70-71	NASA and The Hubble Heritage Team (STScI/AURA)	
74～75	Jeff Hester (Arizona State University) and NASA/ESA, NASA/CXC/MIT/UMass Amherst/M. D. Stage	

	et al., NASA/CXC/NCSU/S. Reynolds et al., X-ray: NASA/CXC/ASU/J. Hester et al.; Optical: NASA/ESA/ASU/J. Hester & A. Loll; Infrared: NASA/JPL-Caltech/Univ. Minn./R. Gehrz	
76-77	NASA, ESA, and the Hubble Heritage Team (STScI/AURA)	
80	Gemini Observatory/NSF/AURA、European Southern Observatory / M. Kornmesser	
84	F. Winkler/Middlebury College, the MCELS Team, and NOAO/AURA/NSF	
85～87	Robert Gendler	
88	SDSS Collaboration, www.sdss.org、NASA/ESA/Hubble Heritage Team/STScI/AURA、NASA, ESA, and P. Goudfrooij (STScI)	
89	Adam Block/Steve Mandel/Jim Rada and Students/NOAO/AURA/NSF、Stefan Seip/Adam Block/NOAO/AURA/NSF、NASA, ESA, CFHT, NOAO、Michael and Michael McGuiggan/Adam Block/NOAO/AURA/NSF、Thomas and Gail Haynes/Adam Block/NOAO/AURA/NSF、ESO NOAO/AURA/NSF	
90	NOAO/AURA/NSF	
91～93	NASA, ESA, and the Hubble Heritage Team (STScI/AURA)	
93	GALEX Team, Caltech, NASA	
94	Bob and Bill Twardy/Adam Block/NOAO/AURA/NSF	
94-95	NASA/CXC/SAO/JPL-Caltech/STScI	
98	ESA and the Planck Collaboration	
100	鹿児島大学	
102～103	国立天文台	
107	高幣 俊之、加藤 恒彦、ARC and SDSS、4D2U Project、NAOJ	
173	国立天文台	

Illustration

Cover Design	Newton Press	32-33	黒田清桐		ロバ：NASA/JPL/DLR）	113～131	Newton Press
1	Newton Press	34-35	Newton Press（タイタン：NASA/	44-45	高島達明	131	小林 稔
2～3	Newton Press		JPL/Space Science Institute、火星：	46	Newton Press	132～149	Newton Press
5	Newton Press		NASA、エウロパ：NASA/JPL/DLR）	48	Newton Press	150	Newton Press（B.P.Abbott et.al.
10-11	小林 稔	37～39	Newton Press	51	Newton Press		"Gravitational Waves and Gamma-
12-13	Newton Press	40-41	Newton Press［メタン、エタン、	54～79	Newton Press		Rays from a Binary Neutron Star
18-19	大下 亮		アセチレン、ベンゼン、シアン化	81～95	Newton Press		Merger: GW170817 and GRB
20-21	荻野瑶海		水素、アクリロニトリルは日本蛋	96-97	小林 稔		170817A" ApJL Volume 848 Number
22-23	小林 稔		白質構造データバンク（PDBj）の	98-99	Newton Press		2 (2017)の図をもとに作成）
26-27	Newton Press		データを使用して作成）	101	Newton Press	151～153	Newton Press
28-29	大下 亮	42-43	吉原成行（エンケラドス：NASA/	104～106	Newton Press	155～171	Newton Press
30-31	Newton Press		JPL/Space Science Institute、エウ	108～111	Newton Press		